조선시대의 산학총서

익산 (상편)

(翼算 上編)

정부론(正負論)

이상혁(李尙爀) 지음

홍성사 옮김

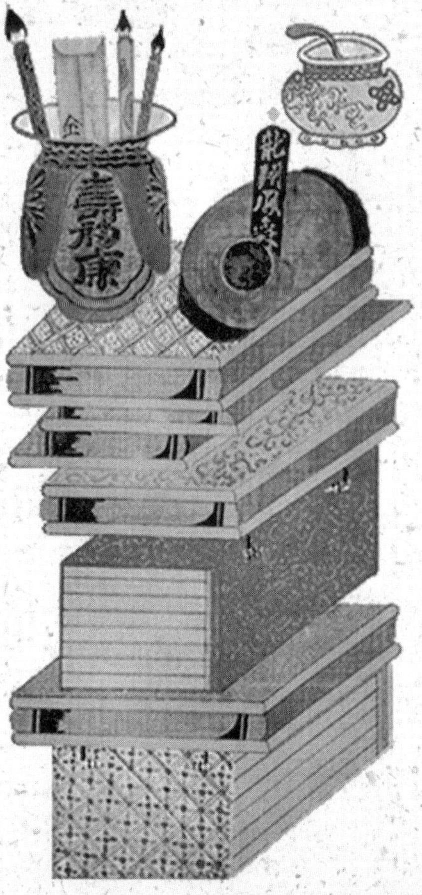

教友社

조선 시대의 산학서를 내면서

한국수학사학회에서는 한국학술진흥재단이 지원한 2002년도 기초학문육성지원사업(인문사회분야 국학고전연구)의 일환으로 연구 과제 《조선 시대의 산학서 번역》을 수행했다. 이의 목적은 다음과 같다.

(1) **한국 수학사 연구의 기초 마련** 우리의 전통 수학을 체계적으로 번역하고 현대적인 관점에서 해석한 결과물을 제시함으로써, 이에 대한 연구를 자극하는 촉진제와 연구의 기초를 마련한다.

(2) **고전에 대한 접근 용이성 및 자료 보급** 고전 문헌을 현대어로 번역함으로써, 많은 사람들에게 우리의 전통 수학을 접할 수 있는 기회를 제공한다.

이를 위해 다음과 같은 10종의 산학서를 선택하여 번역했다.

『默思集算法』 천·지·인 3권
『九數略』 건·곤 2권
『九一集』 천·지·인 3권
『算學入門』(『이수신편』 21·22권) 2권
『算學本源』(『이수신편』 23권) 1권
『算術管見』 1권
『借根方蒙求』 건·곤 1권
『翼算』 상·하편 2권
『測量圖解』 1권
『劉氏句股述要圖解』 1권

한국수학사학회 회장

역자 서문

『익산』翼算의 저자 이상혁李尙爀은 조선시대에 가장 뛰어난 산학자라고 할 수 있다. 『한국과학기술자료대계』韓國科學技術資料大系 수학편數學編에 들어 있는 모든 산서算書와 비교하여, 저자만큼 수학을 철저하게 구조적으로 접근한 학자는 없는 것으로 보인다. 상당히 많은 저자가 여러 자료를 인용하면서 그 내용을 제대로 이해하지 못하고 있는 경우가 나타나는데, 이상혁은 선대先代의 산서를 철저하게 이해한 후에 그에 대한 이론을 전개, 발전시키고 있다.

그는 조선시대의 유명한 산학자 집안에서 1810년에 태어났다. 그의 8대조 이적李迪(1582~?)으로부터 시작하여 12대에 걸쳐 대대로 64명의 주학籌學 입격자入格者를 내고, 또 그의 아버지 이병철李秉喆(1782~?)은 『구일집』九一集의 저자 홍정하洪正夏(1684~?)의 조카인 산학자 홍이록洪履祿(1749 ~?)의 사위이다. 이상혁은 이병철과 그의 후처인 변중관卞重觀의 딸 사이에 태어났지만, 홍정하의 집안에 내려오는 산서를 쉽게 접할 수 있었을 것으로 추정된다. 그는 1832년 주학시험에 합격하고, 6품인 별제別提를 지냈다.

그는 『차근방몽구』借根方蒙求(1854)와 『산술관견』算術管見(1855)에 이어 『익산』翼算을 1868년에 출판한다.

『차근방몽구』와 『산술관견』은 중국에서 사용된 서양 수하에 대한 해설서인데 빈하여, 『익산』은 이상혁이 『사원옥감』四元玉鑑(1303)을 연구한 후 자신의 이론으로 확대 발전시킨 방정식론과 유한급수론을 전개하는 논저로, 전통적인 중국 수학과 서양 수학을 비교하여 서양 수학을 공격한다.

마테오 리치(M. Ricci = 리마두利瑪竇, 1552~1610)가 明末 1582년 중국에 들어와서 서양 수학을 전파하기 시작한다. 리치는 시광계徐光啓(1562~1633)와 함께 유클리드의 『기하학원론』을 6권까지 번역하고, 이

지조李之藻(1565~1630)와 함께 그의 스승인 클라비우스(P. C. Clavius, 1537~1612)의 저서 『Epitome Arithmeticae Practicae』(1585)를 번역하여 『동문산지』同文算指(1614)를 출판했다. 최석정崔錫鼎(1646~1715)의 『구수략』九數略, 황윤석黃胤錫(1719~1791)의 『산학입문』算學入門 등에서 『동문산지』를 인용하므로 『동문산지』는 조선의 산학과 서양 수학이 접촉하는 한 통로가 되었다. 그밖에 많은 신부가 중국에 들어와 서양 수학과 함께 역법이 전달되는데, 이들은 그 당시까지 있던 중국의 역법曆法보다 훨씬 정확하여 서양 수학이 중국 수학을 능가하는 것처럼 인식되었다. 한편 매문정梅文鼎(1633~1721)은 중국 수학과 서양 수학을 접목시키는데 성공하였으나, 그는 중국 수학 특히 송·원대의 훌륭한 업적을 충분히 이해하지 못하고 있었다. 또, 청의 제2대 황제인 강희康熙(1654~1722)는 진후요陳厚耀(1648~1722), 매문정의 손자인 매각성梅瑴成(1681~1763), 명안도明安圖(?~1764), 하국종何國宗(?~1766), 하국동何國棟 형제 등에 명하여 『율력연원』律曆淵源을 짓게 하는데, 이는 『역상고성』曆象考成 42권, 『율여정의』律呂正義 5권과 『수리정온』數理精蘊 53권 등 모두 100권으로 1723년(옹정원년雍正元年)에 출판되었다. 이 중에 『수리정온』은 그 당시의 중국 수학과 서양 수학을 거의 망라하는 대작이었다. 그러나 옹정雍正은 곧 쇄국정책으로 돌아서서 더 이상 서양 수학이 중국에서 발전할 수 없게 되고 이는 아편전쟁(1840)이 일어날 때까지 계속되었다. 그 사이 청에서는 중국 수학사상 가장 훌륭한 업적을 낸 송·원대의 수학을 다시 이해하기 시작하고, 이들에 대한 연구가 활발하게 진행되었다.

그 중에 가장 중요한 변화는 명대明代에 잊혀졌던 이야李冶의 『측원해경』測圓海鏡(1248)과 『익고연단』益古演段(1259), 주세걸朱世傑의 『산학계몽』算學啓蒙(1299)과 『사원옥감』四元玉鑑(1303)이 다시 연구되기 시작한 것이다. 이들은 천원술天元術, 더 나아가서 사원술四元術을 써서 다항식을 정확히 나타내어 다항식의 연산을 쉽게 계산하고, 이를 통하여 방정식을 구성하고 다원 방정식을 1원 방정식으로 변환할 수 있게 된다. 1원 방정식의 풀이는 가헌賈憲이 시작하고, 진구소秦九韶가 『수서구장』數書九章(1247)에서 확립한 증승개방법增乘開方法을 통하여 완전히 정리하였다. 이예李銳는 『측원해경』을 복교覆校하여 1797년에 출판하는데, 그는 발문跋文에서 "天元如積之學 盛於元 亡於明 而復顯於本朝"라고 하였다. 실제로 천원술은 『수리정온』에서 차근방비례借根方比例로 나타나 있는데, 매각성이 그의 『적수유진』赤水遺珍(1761)에서 차근방비례와 천원술이 같다는 것을 말하고 명대에 이들을 잊혀 지게 한 당순지唐順之(1507~1560)와 고응상顧應祥(1483~1565)을 공격한다. 또 『산학계몽』과 『사원옥감』도 나사림羅士琳(1784~1853)이 1839년과 1835년에 세초를 달아 각각 출판함으로 다시 이들을 연구하게 되었다. 『측원해경』, 『사원옥감』의 방정식에 대한 결과들은 18세기 이전의 서양 수학보다 월등히 앞선 부분이 들어 있어서, 그 당시 서학에 대한 박해와 함께 이들에 관한 연구를 할 수 있는 자료가 되었다. 서양 수학이 끼친 영향으로 정의부터 시작하여 개념을 정립하고 이에 중국 산학의 방법론을 연구하므로 새로운 전기를 준 것은 틀림없다. 물론 지나친 국수주의 때문에 18세기 이후의 서양 수학의 급속한 발전을 외면하여 중국 수학이 19세기 후반 이후의 발전에 기여를 못하고 그들의 결과가 20세기에 들어와 단절되게 되었지만, 송·원대의 중국 수학은 그 당시 세계의 어떤 수학보다 앞서 있었던 것은 틀림없다.

『산학계몽』은 조선에서 양휘楊輝의 『양휘산법』楊輝算法(1274~1275)과 함께 사용되고 있어서, 중국과 달리 천원술은 그 명맥이 계속하여 유지되었는데, 『사원옥감』과 『측원해경』은 모두 19세기에 청에서 다시 들여와 연구하였다.

저자 이상혁은 중인이지만, 남병철南秉哲(1817~1863), 남병길南秉吉(1820~1869) 형제와의 깊은 교류를 통하여 그의 수학을 발전시킬 수 있었다. 남병철은 『해경세초해』海鏡細草解(1861), 남병길은 『집고연단』緝古演段, 『측량도해』測量圖解(1858), 『유씨구고술요도해』劉氏句股術要圖解, 『무이해』無異解(1855), 『구장술해』九章術解, 『산학정의』算學正義(1867) 등의 저서를 내었는데, 이때 이들은 『익고연단』, 『측원해경』, 『사원옥감』을 함께 연구한 것으로 보인다. 양반인 이들 형제는 많은 자료를 구할 수 있었고 이를 이상혁과 공유하였다. 이상혁은 『익산』에서 이들 세 권의 책을 철저하게 연구했다는 사실이 나타나고 있다. 그는 『수리정온』과 『적수유진』을 연구하여 서양 수학, 특히 차근방비례와 삼각법에 대한 연구를 하여 위에 언급한 두 권의 책을 출판하였다. 그러나 1863년 고종高宗이 12세에 즉위하면서 대원군의 쇄국정책이 시작되었다. 따라서 淸에서와 같이 조선에도 다시 서양 수학보다 전통적인 수학을 연구할 수

밖에 없었고, 이 때 『측원해경』과 『사원옥감』이 들어와 중국에서 擁正 이후의 현상과 같은 일이 되풀이되었다.

그러나 저자 이상혁은 『수리정온』을 포함하여 서양 수학을 연구하였기 때문에 수학의 개념화에 대한 준비가 충분히 이루어진 상태에서 얻어낸 결과들이 『익산』에 잘 나타나 있다.

상편의 정부론은 방정식론이다. 실제로 하편의 퇴타술도 방정식론의 일환으로 보아야 한다. 『사원옥감』 이전의 산서에서는 유한급수의 합을 구하는 문제와 합을 알고 항의 수를 구하는 문제를 다루었는데, 이 경우 모두가 3차 이하의 방정식이었다. 그러나 주세걸은 유한급수의 합이 항의 수 $(=n)$에 관하여 4차 이상이 나오는 경우를 얼마든지 만들어 낼 수 있음을 보이고 이를 이용하여 고차방정식을 구성하였다. 중국의 산학은 대부분 기하적인 현상을 나타내는 것으로 출발한다. 4차 이상의 도형을 위하여 삼승방三乘方, 사승방四乘方, . . ., 구승방九乘方 등을 도입하여 x^4, x^5, …, x^{10}을 사용하여 간단히 해결은 하였으나, 4차원 이상의 도형에 대한 거부감이 컸을 것은 당연하다. 실제로 4차 이상의 방정식은 무리방정식이나 분수방정식에서 유도되는 것이 주를 이루었다. 그러나 유한급수는 얼마든지 현상에서 이해할 수 있는 내용이므로 고차방정식을 이해하는 데 크게 도움이 되었을 것으로 추정된다.

『수리정온』에 나타나는 차근방비례의 연구를 통하여 그 이전까지 구별하지 못하였던 다항식과 방정식을 등식의 개념을 가지고 구별할 수 있게 되었다. 서양 수학에서도 방정식을 $p(x)=0$의 형태로 정립한 사람은 데카르트(R. Descartes, 1596~1650)이다. 동양 산학에서는 항상 현상을 나타내는 것으로 방정식을 이해하고 있어서 $p(x)=c$ $(0<c)$의 형태를 취급하므로, 이를 풀 때 증승개방법, 즉 조립제법을 사용하려면 결국은 $p(x)-c=0$의 형태로 변환하여야 하는데 『수서구장』이래 이를 정확하게 나타내지 못하고 이로 인하여 여러 가지 혼동이 일어나게 된다.

저자는 이를 정부상당식正負相當式, 즉 $p(x)=0$의 형태로 모두 바꾸어 방정식의 이론을 통일하려고 시도하고 있다. 특히 연립 1차방정식의 경우까지 정부상당식으로 변형시켜야 한다고 주장하므로 『구장산술』이래 현재까지 사용하고 있는 확대계수행렬의 상수항 부분까지도 부호를 바꾸어 놓았다.

또 동양 수학에서 방정식의 해는 양陽의 근만을 취급하므로 방정식의 해를 양의 계수를 가지는 항들에 근을 대입시킨 결과와 음의 계수를 가지는 항들에 대입시킨 결과가 같아지는, 즉 정부正負 상당相當으로 방정식을 접근하고 있으므로 근사해의 경우는 이 이론으로 해석이 되지 않게 된다. 방정식의 개념을 정부상당식으로 정립하고, 특히 『사원옥감』에서 다원 고차방정식으로부터 1원방정식을 유도하는 과정에 등식의 여러 성질을 이용하는데, 이를 모두 정부正負의 이론으로 해석하려고 하고 있다. 또 1원방정식의 풀이는 증승개방법을 사용하는데 이 때 나타나는 연산은 모두 곱셈과 덧셈으로 이를 각 항마다 정부正負를 따져가면서 설명하는 것은 이해하기가 어렵다.

이는『산학계몽』의 서론 부분에 들어 있는 다음 문장

明開放法 置積爲實及方廉隅同加異滅開之

의 영향으로 보인다.

서양 수학을 중국에 널리 알린 매문정과 『수리정온』의 차근방비례에 대한 공격은 지나칠 정도이다. 차근방비례에서 사용하고 있는 다항식의 표현 방법은 기본적으로 천원술과 같지만, 현재 사용하고 있는 기호 ＋는 십十자와 구별하기 위하여 ⊥를 사용하고, −, ＝는 그대로 사용하여 나타내므로 천원술에서 다항식의 나눗셈은 다만 단항식으로 나누는 것만 취급하는데 반하여, 차근방비례는 현재 사용하고 있는 방법으로 임의의 다항식의 나눗셈을 하고 있다. 다만 증승개방법과 『수리정온』의 방정식의 해의 근사값을 구하는 방법을 비교하면 증승개방법이 훨씬 계산도 간편하고 조직적이다.

저자 이상혁이 사용한 중요한 등식의 성질은 다음과 같다. 먼저 동양 수학에서 뺄셈과 나눗셈은 현재 우리가 사용하는 역원의 덧셈, 곱셈으로 이해하지 않고 별개의 연산으로 이해하고 있으므로 이들에 대하여도 따로 해설하고 있다.

현재 우리가 사용하고 있는 등식의 성질, 즉 $A=B$와 $A+C=B+C$,

$A-C=B-C$, $AC=BC$ $(C\neq 0)$, $\frac{A}{C}=\frac{B}{C}$ $(C\neq 0)$가 동치라는 사실과 함께, $A+B=0 \Rightarrow A^2-B^2=0$을 사용하고 있다. 또 이원연립방정식 $\begin{cases} A_1(x)+B_1(x)y=0 \\ A_2(x)+B_2(x)y=0 \end{cases}$ 에서 두 식을 천·지 이원술二元術로 나타내어 나란히 늘어놓으면 $B_1(x)$, $A_2(x)$는 외2행外二行에 나타나고, $A_1(x)$, $B_2(x)$는 내2행內二行으로 나타나 내2행을 곱한 것에서 외2행을 곱한 것을 빼면 y가 소거된 방정식 $A_1(x)B_2(x)-A_2(x)B_1(x)=0$을 얻는다. 이 방법을 『사원옥감』에서 호은통분互隱通分이라 하는데 이 역시 『익산』에서 많이 사용하고 있다.

앞에서 설명한 대로 증승개방법에서 나타나는 곱셈과 덧셈을 제대로 이해하지 못하여 그 결과가 예상했던 대로 나오지 않는 것에 대하여 중국 수학은 이를 극복하고 있는데, 조선 산학에서 그렇지 못하여 많은 저자가 이를 언급하고 있다. 이 경우 나타나는 번적飜積과 익적益積에 대하여 이상혁은 2차방정식의 경우에 이 두 경우가 일어 날 수 있는 충분조건을 다루었는데, 이는 현재 2차함수의 그래프와 간단한 부등식을 통하여 쉽게 얻을 수 있지만 그는 그래프가 없는 상황에서 이에 대한 결과를 얻었다.

조선의 거의 모든 산서가 단지 계산과 알고리즘 위주로 저술된 것과 비교하면, 저자가 수학을 체계적이고 구조적인 접근을 통하여 이해하고, 그에 따라 결과를 얻어내었음을 위의 사실이 단적으로 보여주고 있다.

저자의 서술 형식은 이론적인 것을 먼저 나타내고, 이를 뒷받침하는 예를 주로 『구장산술』, 매문정의 『방정론』, 이야의 『익고연단』, 『측원해경』, 주세걸의 『산학계몽』, 『사원옥감』 외에 『수리정온』, 곽수경郭守敬의 『수시력』授時曆, 심괄沈括의 『몽계필담』夢溪筆談, 남병길의 『산학정의』에서 들고 있는데, 이들을 해당되는 짧은 문장만 인용하고 있어서 이들의 원본을 보지 못하면 이해할 수가 없게 되어 있다.

따라서 『익산』은 번역만으로는 그 내용을 충분히 전달할 수 없어서 번역의 형태에서 벗어나 역주譯註 형태로 번역을 하였다.

역자는 이들에 관하여 모든 경우에 원문을 들어 그 내용을 주 註로 첨가하였다. 이는 두 가지 목적이 있다. 하나는 독자가 이상혁을 제대로 이해하는 것이다. 따라서 독자는 가능하면 이상혁의 원문을 읽어서 역자의 번역으로 오해가 일어나지 않기를 바란다.

또 하나는 방정식의 이론이 동양 산학에서 어떻게 발전되어 왔는지 그 역사를 일차 사료, 즉 원문을 통하여 알아볼 수 있도록 하려고 원문과 그 주를 붙여 놓았다.

모든 연산이 산대를 통하여 이루어지므로 산대 셈법도 포함하고, 『사원옥감』의 가령사초假令四草도 원문에는 한 문제만 들어 있지만 나머지 세 문제도 모두 넣어 사원술을 이해하는 데 도움이 되도록 하였다.

중국 수학의 원문의 자료는 주로 1993년 하남교육출판사河南教育出版社에서 출판한 『중국과학기술전적통휘』中國科學技術典籍通彙 수학권數學卷과 1994년 산동인민출판사山東人民出版社에서 출판한 『중국역대수학집성』中國歷代數學集成에서 인용하였다.

이상혁의 『익산』만 읽고자 하는 독자를 위하여 이상혁의 문장은 모두 궁서로 구별하였다. 그는 이론적인 것을 나타내는 부분과 해설 부분을 구별하였는데, 이론적인 부분을 일련 번호로 나타내어 해당되는 부분을 쉽게 찾을 수 있게 하였다. 해설 부분은 역자가 문맥에 따라 몇 개의 절로 나누어 놓았고, 문장도 번역에 맞추어 나누어 놓았다. 일반 산서와 같이 저자는 분절을 하지 않았음을 명기한다. 따라서 다른 번역이 가능할 수도 있다. 또, 천원술 및 사원술을 사용하여 다항식을 표현하는데 산대 표시는 인쇄의 편의상 숫자로 대치한 것을 제외하면 원문을 그대로 싣는 것을 원칙으로 하였다. 따라서 이상혁의 원서를 그대로 살려 이를 일차 사료로 사용할 수 있도록 하였다.

한자가 이해에 도움이 된다고 생각되는 경우는 한자를 병기하고, 현대적인 의미로 식이나 문장을 나타내는 것으로 뜻이 분명해지는 경우에는 괄호 속에 넣어 나타내었다. 원문을 중심적으로 읽을 때는 이를 생략하고 읽어야 한다.

또 註의 내용을 이해하기 위하여 역자가 보충한 註에도 가능하면 일차 사료를 인용하는 것을 원칙으로 삼아 원문을 실었지만, 그 번역은 원문에서 유추할 수 있는 경우에는 생략하였다.

19세기 수학자로 철저하게 하나의 이론을 가지고 방정식의 이론을 통일하고, 기존의 이론을 빠짐없이 연구하고 이를 창의적으로 재생산한 이상혁의 결과가 산대를 사용하고 있기 때문에 기호화를 통한 완전한 일반화가 이루어지지 못하여 현재의 수학과 단절된 것은 아쉬운 일이다. 실제로 다항식환을 계수만 가지고 나타내는 것이 천원술인데 이를 기호화하지 못한 것만 문제이지 그 나머지는 모두 현재에도 충분히 이용할 수 있는 것인데 잊혀지는 것이 아까울 따름이다.

이 책의 번역을 지원한 학술진흥재단에 감사 드린다. 한국 수학사의 연구의 길로 이끌어 주신 이창구 박사님과, 완성될 때까지 많은 도움을 주신 번역 팀, 특히 강신원, 유인영, 호문룡, 허민 교수님께 감사 드리고, 또 자료분석에 도움을 준 충북대학교 이승온 교수께 고마움을 전한다.
이 역서는 숙명여자대학교 홍영희 교수와 함께 늦은 시간까지 수 많은 토론을 통하여 이루어진 것임을 밝혀둔다.

일차 사료를 통한 동양 수학사와 한국 수학사의 연구에 조금이라도 도움이 될 것으로 생각하여 준비가 모자라는 상태에서 어려운 일을 시작하였다. 독자들의 많은 연구로 미흡한 부분이 교정되기를 바란다.

참고 문헌

孔國平, 李冶朱世杰与金元數學 河北科學技術出版社, 2000
郭書春 匯校, 九章算術, 遼寧教育出版社, 1990
郭書春 主編, 中國科學技術典籍通彙 數學卷 第一分册 - 第五分册, 河南教育出版社, 1993
김용운, 김용국, 한국수학사, 과학과 인간사, 1997
김용운, 김용국, 중국수학사, 민음사, 1996
김용운 편, 韓國科學技術資料大系 數學編, 여강출판사, 1985
杜石然, 數學 歷史 社會 遼寧教育出版社, 2003
梅榮照 主編, 明淸數學史論文集, 江蘇教育出版社
徐光啓 等撰, 新法算書, 文淵閣 四庫全書, 제788책 제789, 臺灣商務印書館
徐浩修, 成周悳, 金泳, 國朝曆象考, 1796, 이은희, 문중양 역주, 소명출판, 2004
成周悳, 書雲觀志, 1818, 이면우, 허윤섭, 박권수 역주, 소명출판, 2003
沈康身, 中算導論, 上海教育出版社, 1986
沈括, 夢溪筆談, 國學基本叢書, 臺灣商務印書館印行, 1967
曆象考成, 文淵閣 四庫全書, 제790책, 臺灣商務印書館
曆象考成後篇, 文淵閣 四庫全書, 제792책, 臺灣商務印書館
吳文俊 主編, 中國數學史大系 第1卷 - 第8卷, 北京師范大學出版社 1998 - 2000
阮元, 疇人傳, 國學基本叢書, 臺灣商務印書館印行, 1967
李南姬, 朝鮮後期 雜科中人 硏究, 以會文化社, 1999
李申, 中國古代 哲學和自然科學, 上海人民出版社, 2002
李信明, 中國數學五千年, 臺灣書店印行, 1997
李儼, 中算史論叢 一, 二, 三, 四 上 下, 中華學藝社, 1933
李儼, 中國算學史, 商務印書館, 1956
李儼, 中國數學大綱, 科學出版社, 1958
李儼, 中國數學史簡編, 遼寧人民出版社, 1984
李迪, 中國數學通史 宋元卷, 江蘇教育出版社, 1994
李之藻 編, 天學初函, 1623, 學生書局 影印本, 1965
錢寶琮, 中國數學史話, 中國青年出版社, 1957

錢寶琮 主編, 中國數學史, 科學出版社, 1964
錢寶琮 等, 宋元數學史 論文集, 科學出版社, 1985
靖玉樹 編勘, 中國歷代數學集成, 上 中 下, 山東人民出版社, 1994
周瀚光, 孔國平, 劉徽評傳, 南京大學出版社, 1994
邢雲路 撰, 古今律歷考, 文淵閣 四庫全書, 제787책, 臺灣商務印書館
Cullen, C., Astronomy and Mathematics in ancient China : Zhou bi suan jing (周髀算徑), Cambridge Univ. Press, 1996
C. Cullen tr., The Suan shu shu(筭數書), Needham Research Institute Working Papers : 1, Needham Research Institute, 2004
Li Yan(李儼) and Du Shiran(杜石然), Chinese Mathematics A concise history, tran. J. N. Crossley and A. W-C. Lun, Claredon Press, 1987
Libbrecht, U., Chinese Mathematics in the Thirteenth Century, The Shu-shu chiu-chang of Ch'in Chiu-shao (秦九昭의 數書九章), The MIT Press, 1973
Martzloff, J-C., A History of Chinese Mathematics, Springer, 1997
Mikami, Y., The Development of Mathematics in China and Japan, Chelsea Pub. Co., 1913
Needham, J., Science and Civilisation in China, Vol. 3, Cambridge Univ. Press, 1959
Shen, K., Crossley, C. N., and Lun, A. W-C., The Nine Chapters on the Mathematical Art, Oxford Univ. Press, 1999

김영욱, 홍성사, 홍영희, 朴繘의 算學原本, 한국수학사학회지 18(2005), No. 4, 1-16
陶從江, 朱世桀公式的推廣及應用, 安順師范高等專科學報 5(2003), 81-84
蘇金鳳, 宋元時期的高階等差級數研究, 延安大學報, 20(2001), 16-21
孫宏安, 朱世杰与四元術, 數學通報, 第三期(1997), 45-47
劉芹英, 算術三角形在中國古代數學中的演變与應用, 新疆大學學報, 19(2002), 401-405
李迪, 試論中國古代的開方式, 自然辨證法通訊, 25(2003), 67-71
李兆華, 程正一, 朱世杰招差術探原, 自然科學史研究, 19(2000), 30-39

陳守礼, 朱世杰及其公式, 數學通報, 제5기(2002), 41
홍성사, 홍영희, 朝鮮 算學者 李尙爀의 方程式論, 한국수학사학회지, 17, No. 1(2004), 1-14
홍성사, 홍영희, 장혜원, 招積과 益積의 歷史, 한국수학사학회지 18(2005), No. 3, 39-54
홍성사, 朝鮮 算學의 堆垜術, 한국수학사학회지 19(2006), No. 2,
홍영희, 다항식의 대수적 표현, 한국수학사학회지, 16, No. 4(2003), 15-32
홍영희, 朝鮮時代의 方程式論, 한국수학사학회지, 17, No. 4(2004), 1-16
홍영희, 다항식의 대수적 표현, 한국수학사학회지 16(2003), No. 4, 15-32
홍영희, 조선시대의 방정식론, 한국수학사학회지 17(2004), No. 4, 1-16
홍영희, 不定方程式의 歷史, 한국수학사학회지 18(2005), No. 3, 1-24
홍영희, 朝鮮 算學과 數理精蘊, 한국수학사학회지 19(2006), No. 2

머리말(序)

수학은 비록 예에 속하나, 그 법리(이치)가 오묘하여 선비들이 먼저 배워야 하고 경세에 실용이 된다.
그러므로 옛날의 학자들은 이를 연구하지 않을 수 없었다.
어쩐 일인지 요즈음은 이를 부끄럽게 여기고 연구하지 않고 있다.

數雖禮 法理微奧爲儒門之首學 經世之實用
故古之博雅君子 莫不研究於此耳 奈何斯世恥不爲焉

비록 재주가 뛰어나고 학문에 통달한 사람도 깊이 닦지 아니하고
홀로 생각하여 밝히려고 늙을 때까지 하여도 끝내 풀지 못한다.

雖通才達學 不有精心
孤詣審思明辨 窮皓首而莫能端倪也

무릇 명나라 이래로 수학자들의 많은 논술이
거의 모든 것을 자세히 탐구하였으나 남은 것이 없다.

夫自皇明隆萬以來 算家論述不下十百
幾盡探賾 無有餘蘊

만약에 방정 및 천원일술과 정부술의 발명이 없었다면
미처 손쓸 겨를이 없었을 것이다.
법에서 정부(正負)를 구별하지 못하면, 수에서 손익의 변화를 구분하기 어렵다.
개방(방정식의 해법)에서는 더욱 그러하다.

至若方程 及立天元一之正負術 無所發明 抑或未遑而然歟

法不知正負之別 數難辨損益之變 其於開方 尤爲襯切

더욱이 퇴타법에서 쌓아서 물체를 이룰 때 빈곳과 채워진 곳을 안배함에 스스로 조리가 있는데 이는 차이를 통하여 이해할 수 있다.

且堆垜之法 積累成體 虛實按排 自有條理
此最關於差分者也

나의 벗인 이지수(李志叟)가 정부론과 퇴타설 두 편을 지었는 바,
나는 머리에 『익산』이라 이름을 붙였다.

余友李君志叟 著正負論 堆垜說二篇
余弁首而名之曰翼算

뒤섞여 어지러운 이론을 철저하게 통찰하고 앞사람이 전하지 못한 오묘함을 발견하였으니, 재주의 뛰어남이 없다면 어찌 이러한 치밀하고 자세한 이론을 가질 수 있으리오.

蓋錯綜論解 洞見根底 發前人不傳之秘
苟非高明特達 安能有此精微之論哉

나는 비록 뛰어난 식견은 없으나, 옛 것을 같이 좋아하고 그것이 전해지지 않을까 여겨 책으로 펴내는 것은, 학자로 하여금 다 함께 즐거이 그것에 의지할 수 있게 함이니, 그것이 주는 도움이 어찌 넓고 크다고 하지 않으리오.

余雖無獨見 亦有同好故 惜其流傳殘草 乃擬印而布之
倘令學者 咸共嘉賴之 其爲受益也 豈不弘且多哉

무진년 음력 10월 의령인 남상길이 서문을 달았다.

戊辰孟冬 宜寧 南相吉序

익산 상편 翼算上篇

정부론 正負論

합천陜川 이상혁李尙爀

[1] 정부란 같음과 다름을 구분하는 것으로, 사용이 오묘하여 무궁하다.

正負[1]者 所以別同異 而妙用無窮

1) 정正은 양수陽數를, 부負는 음수陰數를 뜻하지만, 양수와 음수로 번역하지 않고 정과 부로 부르기로 한다.

(1-1) 『구장산술』의 주에서 다음과 같이 말하고 있다.
지금 득실을 나타내기 위하여 두 가지 산대가 있다. 이를 정과 부로 부르고, 정은 붉은 산대로, 부는 검은 산대로 나타낸다.
다른 방법으로는 바로 세운 것은 정, 옆으로 비스듬히 누인 것은 부를 나타내어 구별한다.
또, 이르기를 무릇 정과 부는 이 두 가지 수들에 연산을 시행함에 있어서 서로 반대인 것을 나타내는 데 사용된다.

九章算術注曰[1] 今兩算得失相反 要令正負以名之
正算赤 負算黑 否則以邪正爲異[2]
又曰 凡正負記其同異 使二品互相取而已矣[3]

1) 『구장산술』의 정부술은 제8권 방정方程의 제3문에 있고, 그 내용은 다음과 같다.

두 수의 부호 (=정, 부)가 같으면 빼고, 서로 다르면 더하라. 대상이 없는 정은 부로, 대상이 없는 부는 정으로 바꾸어라.

同名相除 異名相益 正無負之 負無正之[a)]

a) 두 수 a, b에 대하여 그들의 부호 sign a, sign b에 따라 $a-b$가 다음과 같이 주어짐을 뜻한다.

(i) $(|a|-|b|)\text{sign } a \quad (\text{sign } a=\text{sign } b)$

(ii) $(|a|+|b|)\text{sign } a \quad (\text{sign } a=-\text{sign } b)$

(iii), (iv) $0-b=-|b|\text{sign } b=-b \quad (a=0)$

두 수의 부호가 서로 다르면 빼고, 같으면 더하라. 대상이 없는 정은 정으로, 대상이 없는 부는 부로 두어라.

其異名相除 同名相益 正無正之 負無負之[b)]

b) 두 수 a, b에 대하여 그들의 부호 sign a, sign b에 따라 $a+b$가 다음과 같이 주어짐을 뜻한다.

(i) $(|a|-|b|)\text{sign } a \quad (\text{sign } a=-\text{sign } b)$

(ii) $(|a|+|b|)\text{sign } a \quad (\text{sign } a=\text{sign } b)$

(iii), (iv) $0+b=|b|\text{sign } b=b \quad (a=0)$

2) 이 인용은 정부술에 대한 유휘劉徽의 주註 첫 번째 문장이다. 또 후대의 책에서는 붉은 산대, 검은 산대로 정, 부를 나타내는 대신에 정은 보통 산대로 나타내고, 부는 마지막 자리의 수(마지막 자리의 수가 0인 경우에는 0이 아닌 마지막 자리의 수)에 빗금을 그어 나타내고 있다.

이 방법은 이야李冶(=이치李治, 1192~1279)가 그의 저서 『측원해경』測圓海鏡(1248)에서 처음 사용하였다. 또 진구소秦九昭는 그의 저서 『수서구장』數書九章(1247)에서 부를 산대로 표시된 수의 아래에 익益자를 써서 나타내었다. 이야도 그의 『측원해경』에서 다항식을 천원술로 나타낼 때 부의 계수의 산대에 익자 또는 허虛자를 첨가하였다.

3) 이 문장은 위의 덧셈에 관한 정부술에 대한 유휘의 주에서 두 번째 문장이다.

[2] 주와 객의 자리를 구분하고, 소장의 규칙을 살펴야 하는 바, 그 부호는 변할 수 있지만, 그 수는 반드시 같아야 한다.

辨主客之位[1) 審消長[2)之機 其號無定 而其數必相當也

1) 위位는 수의 연산에서 각 항의 자리를 뜻할 수도 있고, 연립1차방정식을 계수행렬 표시 혹은 방정식의 계수 표시(천원술)에서 각 항의 자리를 뜻할 수도 있다. 두 경우 모두 산대를 통하여 계산되고 있음을 주의하여야 한다.

2) 소장은 줄어들고 늘어남을 뜻하는데 이는 등식 A =B에 대하여 A +C =B +C, A −C =B −C임을 뜻하는 것으로 등식의 성질을 나타내고 있는 것이다.

한편, 심괄沈括(1031 ~1095)은 그의 저서 『몽계필담』夢溪筆談 제18권 기예技藝에 천문학에서 사용된 소장에 대하여 다음과 같이 언급하였다.

審方面勢覆量高深遠近 筭家謂之叀術 叀文象形如繩木所用墨斗也
求星辰之行步氣朔消長謂之綴術 謂不可以形察但 以筭數綴之而已
北齊祖亘有綴術二劵

(2-1) 주객은 피차, 즉 그들의 자리에 의하여 정해지고, 소장은 서로의 자리바꿈으로 이루어진다. 무정이란 서로 변할 수 있음을 말하고, 상당은 서로 같음을 의미한다. 상세한 것은 아래를 보라.

主客定於彼此[1) 消長生於往來也 無定互變也 相當適等也 並詳見下

1) 피차彼此에 대한 설명은 남병길南秉吉(1820~1869)이 1867년에 출간한 『산학정의』算學正義에 나타난다. 『산학정의』는 모두 세 권으로 되어 있고, 그 서문에 저자 이상혁이 교정을 보았다고 언급하였는데 실제로 저자는 『익산』의 여러 곳에서 『산학정의』에 나와 있는 정의와 예를 인용하고 있다. 『산학정의』의 목차는 다음과 같다.

上篇：度量衡, 雜率, 加法, 減法, 乘法, 除法, 命分法, 約分法,
通分法, 開平方法, 帶縱平方法, 開立方法, 帶縱立方法, 諸乘方法,
句股率, 各面率, 各體率, 堆垜率

中篇：異乘同除, 同乘異除, 同乘同除, 按分遞折差分, 按數加減差分,
和數差分, 較數差分, 和較差分, 盈朒, 雙套盈朒, 借徵, 方程

下篇：測量, 天元一, 多元, 大衍

상편은 수의 연산과 다항방정식(개평방법과 개입방법은 각각 제곱근과 세제곱근을 구하는 법, 대종평방법과 대종입방법은 각각 일반 2차방정식과 3차방정식의 풀이, 제승방법은 임의의 고차방정식의 풀이법을 뜻한다)과 기하 문제와 유한급수를 다루고, 중편은 비례식과 비례배분, 1차방정식 및 연립 1차방정식을 다루고 있다. 마지막으로 하편은 천원술과 고차 연립방정식및 합동식을 다루고 있는데, 이는 그 당시 수학 서적으로 다룰 수 있는 모든 주제를 다 포함하고 있음을 알 수 있다.

다시 본문에 대한 주로 돌아가자. 피차에 대한 설명은 『산학정의』 중편 방정에 나타난다. 『구장산술』에서 취급하고 있는 연립 1차방정식은 그 계수가 부일 수도 있고, 또 소거하는 과정에서 부가 나타날 수 있으므로, 정과 부를 보다 정확하게 써야 된다고 하고 나서, "정, 부는 피차이다. 피차는 법과 실을 말하는 것이다 (正負者彼此也 彼此卽法實之謂也)."라고 정의하고 있다.

[3] 그러므로 법과 실은 항상 이름을 달리한다.

故法實[1)]恒爲異名

1) 초기 중국 수학에서 법과 실은 연산의 항을 나타내는 데 사용하였다. 예를 들면『구장산술』에서 "연산 $a \div b$는 a를 실, b를 법으로 하고 이를 나누어라."를 " a위실 b위법 실여법위일 a爲實 b爲法 實如法爲一[a)]"로 표현하였다. 그 밖의 경우도 모두 두 수를 나타내는 방법으로 법과 실이 쓰였는데 후에 이들에 대한 관점이 달라져서 연산 $a * b$에서 a를 실 b를 법으로 생각하고 있다. 이상혁의 법과 실은 이 관점에서 사용하고 있지만, 또 아래 **(4-4)**의『사원옥감』항목의 주에서 보듯이 1차방정식 $ax+b=0$에서 a를 법, b를 실로 사용하고 있다.

또,『구장산술』에서 a/b의 a는 분자分子 혹은 자子, b는 분모分母 혹은 모母로 나타내고 있다.

a)『구장산술』2권 속미粟米편에서는 비례식 $a : b = c : d$에서 a를 소유율所有率 혹은 법法, b를 소유수所有數 혹은 실實, c를 소구율所求率, d를 소구수所求數로 나타내고 $d = bc/a$를 이용하고 있다. "실여법위일"은 "법 : 1 = 실 : d" 로 해석하면 "실을 법으로 나누어라"가 된다.

(3-1) 수의 연산(이항연산)에서 수들은 피차로 나누어지고 이들은 법과 실로 나타내어, 이에 따라서 항상 이름을 달리한다.

數分彼此 斯有法實 故恒爲異名

[4] 나눗셈부터 그 이상은 모두 같은 이치를 지니고 있으며, 법과 실이 각각 하나가 있다. 처음에는 서로 섞임과 구분하기 어려움이 없어서, 옛 사람들은 부호를 사용할 필요가 없었다.

自歸除[1)]以上皆函其理 然一法一實 初無互襍 難辨之端
故古人不必用其號也

1) 저자는 나눗셈을 귀제로 나타내고 있는데, 실제로 귀제보다는 귀제법이라는 용어가 더 많이 사용되고 이는 나눗셈에서 몫을 계산하는 방법 중의 하나이다. 이를 이해하기 위하여 동양 산학에서 사용되는 사칙연산에 대하여 자세히 알아보고 귀제법을 설명하기로 하자. 중국 산학에서 사칙연산은 주산이 나오기 이전까지는 산대를 이용하였다.

덧셈과 뺄셈은 제일 윗자리부터 차례로 계산하여 그 결과를 자리수와 대치하여 답을 얻어낸다. 산대 표시를 숫자로 대신하여 그 방법을 나타내면 다음과 같다.

782＋456을 위하여 782를 윗줄에, 456을 아래 줄에 자리수를 맞추어 늘어놓고 다음 단계를 거쳐서 계산한다.
7“＋”456 → 1156 (이 경우 “＋”는 7이 4의 자리와 같은 자리에 놓고 계산하고 있음을 나타내는 것으로 앞으로도 같은 방법으로 연산을 나타낸다. 7＋4 ＝ 11로 4를 대치하고 7은 버린다) → 8“＋”1156 → 1236 (이 경우 산대 표시에서 8＋15＝23으로 15를 대치하고 8은 버린다) → 2“＋”1236 → 1238 (이 경우도 2는 6과 같은 자리에 놓여 있고, 2＋6＝8로 6을 대치함)에서 782＋456＝1238을 얻는다.

1238－782는 1238을 윗줄에, 782를 아래 줄에 자리수를 맞추어 늘어놓고 다음 단계를 거쳐서 계산한다.
1238“－”7 → 538 (이 경우 7은 2보다 크므로 12－7＝5로 12를 대치하고 7은 버린다) → 538“－” 8 → 458 (이 경우도 8은 3과 같은 자리에 놓여 있고 53－8＝45로 53을 대치한 후 8은 버린다) → 458“－”2 → 456 (이 경우 2는 8과 같은 자리에 놓여 있고 8－2＝6으로 8을 대치함)

에서 1238 −782 =456을 얻는다.

따라서 덧셈과 뺄셈은 두 개의 줄, 즉 윗줄과 아래 줄을 사용하기 때문에 이들을 이격산二格算이라 부르기도 한다.

곱셈과 나눗셈의 산대 계산 방법은『손자산경』孫子算經 (4 - 5세기)과『하후양산경』夏候陽算經 (8세기)에 처음으로 자세히 나와 있다.

『손자산경』에서 도량형에 대하여 기술하고, 산대 표시 방법, 즉 1의 자리는 세로로 10의 자리는 가로로와 같이 교대해서 나타내는 법 (凡筭之法 先識其位 一從十横百立千僵千十相望百萬相當) 을 정의하고 곱셈과 나눗셈의 정의는 다음과 같이 하였다.

凡乘之法 重置其位 上下相觀 上位有十步至十 有百步至百 有千步至千
以上命下 所得之數列於中位 言十卽過 不滿自如 上位乘訖者先去之
下位乘訖者則俱退之 六不積 五不隻 上下相乘 至盡則已
凡除之法 與乘正異 乘得在中央 除得在上方 假令六爲法 百爲實
以六除百 當進之二等 令在正百下 以六除一 則法多而實少 不可除
故當退就十位 以法除實 言一六而折百爲四十 故可除
若實多法少 自當百之 不當復退 故或步法十者置於十位 百者置於百位
上位有空絶者 法退二法
餘法皆如乘時 實有餘者 以法命之 以法爲母 實餘爲子

곱셈은 세 줄을 사용하는데 제일 윗줄에 피승수, 제일 아래 줄에 승수를 늘어놓는데 피승수의 제일 윗자리와 승수의 제일 아래 자리를 같게 늘어놓고 계산한다. 위의 덧셈, 뺄셈과 간이 산대 표시를 숫자로 바꾸어 예를 들어 설명하면 다음과 같다.

234 ×456은 제일 윗줄에 234, 제일 아래 줄에 456을 늘어놓는데 6과 윗줄의 2를 같은 자리에 늘어놓고, 2 ×456 =912를 가운데 줄에 늘어놓는데 912의 2가 윗줄의 2, 아래 줄의 6과 같은 자리에 오도록 늘어놓고 윗줄의 2를 버리고 34의 3과 아래 줄의 6이 같은 자리에 오도록 아래 줄의 456을 한 자리 내리고 3 ×456에서 3 ×4 =12를 912에 "더하여" 91을 103으로 대치하여 1032를 얻고 다시 3 ×5 =15를 1032에 "더하여" 32를

47로 대치하여 1047을 얻고 다시 $3 \times 6 = 18$을 1047에 "더하여" 7을 88로 대치하여 10488을 가운데 줄에 놓고, 마지막으로 4와 아래 줄의 456의 6이 같은 자리에 오도록 456을 한 자리 내리고 위와 같은 방법을 되풀이하여 $234 \times 456 = 106704$를 가운데 줄에 나타낸다.

나눗셈도 세 줄을 사용하는데, 가운데 줄에 피제수被除數(=실實), 아래 줄에 제수除數(=법法)를 늘어놓고 제일 윗줄에 몫을 늘어놓는 방법을 사용한다. 이는 나눗셈이 곱셈의 역 연산임을 잘 나타내고 있다.
예를 들면 $2761 \div 56$을 계산하기 위하여 가운데 줄에 2761, 아래 줄에 56을 늘어놓는데 27이 56보다 작으므로 5와 7이 같은 자리에 오도록 늘어놓고 $276 \div 56$에서 4를 제일 윗줄에 놓고 $4 \times 5 = 20$을 2761에서 "빼서" 27을 7로 대치하여 761을 얻고, 다시 $4 \times 6 = 24$를 761에서 "빼서" 76을 52로 대치하여 521을 얻는다. 다시 56의 6과 521의 1이 같은 자리가 되도록 56을 한 자리 아래로 내리고 $521 \div 56$에서 9를 제일 윗줄의 4의 다음에 놓고 위와 같은 방법으로 $521 - (9 \times 56) = 17$을 가운데 줄에 늘어놓아 몫은 49, 나머지는 17이 되어 $2761 \div 56 = 49\frac{17}{56}$을 얻어낸다.

따라서 곱셈과 나눗셈은 세 줄을 사용하므로 이를 삼격산三格算이라 부른다.

위의 예에서 산대를 이용한 산법과 현재 우리가 사용하고 있는 필산은 계산의 원리에서는 같고 다만 나눗셈과 같이 가장 큰 자리수에서 연산을 시작한다는 것만 다르다. 그런데 필산은 계산 과정이 그대로 남아 있는 반면 산대 계산은 계속하여 계산된 결과를 대치하므로 그 과정이 나타나지 않게 되어 검산이 불가능하고, 빠른 계산을 하기에는 매우 불편하다.

따라서 산대 계산을 보다 쉽게 할 수 있는 방법이 일찍부터 나타나는데, 중요한 결과는 『하후양산경』에 들어 있으며 그들은 다음과 같다.

ㄱ) 두 자리 이상의 곱과 나눗셈을 한 자리의 계산으로 바꾸는 것.
예를 들면, 1근斤은 16냥兩, 1냥은 24수銖인데 이들을 변환하는 방법으로 "斤之求兩二而八之 兩之求銖三而八之"

즉 $a\times16=a\times2\times8$, $a\times24=a\times3\times8$
(상권 명승제법明乘除法, 중권 제8문, 하권 제5문, 제6문, 제22문),
또 $a\div12=a\div2\div6$
(하권 제27문 "術曰 先置元錢 折半 六除 是正錢數")으로 계산하고 있다.

ㄴ) 산대 계산에서 10, 100, . . . 등을 곱하는 것은 산대의 자리만 한자리, 두 자리 왼쪽으로 밀면 되므로 11 ~ 19 사이의 승수에 대한 곱셈은 1자리만 계산하여 피승수를 한 자리 옮긴 것과 합하고, 101 ~199 사이의 승수는 피승수를 두 자리 옮긴 것과 1부터 99까지의 수를 곱한 것을 더하면 된다 (이이첨지以二添之는 $a\times12$, 이칠첨지以七添之는 $a\times17$등을 나타내고 이는 하권 제19문, 제20문 등에 나타나 있다).

ㄷ) 끝자리가 0인 경우, 예를 들면 승수가 40인 경우 피승수를 왼쪽으로 옮기고 4를 곱하여 계산한다 (진위사인지進位四因之, 하권 제11문).

ㄹ) 승수가 9인 경우는 $9=10-1$로 하여 계산하는 방법 (퇴위감일退位減一, 하권 제20문, 제38문).

ㅁ) 끝자리의 수가 5이거나 2인 경우는 $5=10\div2$, $2=10\div5$ 등을 이용하여 계산한다 (하권 제20문, 제22문).

ㅂ) 제수가 11 ~19인 경우 위의 ㄴ)의 경우를 이용하여 나눗셈에서 뺄셈을 간단히 계산하는 경우 (신외감이身外減二, 즉 제수가 12인 경우로 하권 제27문).

위의 계산법에서 가장 쉽게 이용되는 것은 제일 높은 자리의 수가 1인 경우이다. 따라서 제일 높은 자리의 수가 1이 아닌 경우에는 이를 1로 바꾸어 계산할 수도 있다. 즉, $a\times b$ ($a\div b$)에서 b의 첫 자리의 수가 5 ~9 사이인 경우 $a\times b=\frac{a}{2}\times2b$ ($2a\div2b$)로 계산하고, b의 첫 자리의 수가 2나 4인 경우는 $a\times b=2a\times\frac{b}{2}$ ($a\div b=\frac{a}{2}\div\frac{b}{2}$), 혹은 $a\times b=4a\times(\frac{b}{2}\div2)$ ($a\div b=\frac{a}{4}\div(\frac{b}{2}\div2)$)로 계산하는 방법이다. 이를 득일술得一術 또는 구일술求一術이라 하고, 지금은 소실된 강본江本의 『일위산법』一位算法과 진종운陳從運의 『득일산경』得一算經에 들어있다고 『신당서예문지』新唐書藝文志에 언급되어 있다.

이들에 대한 언급은 심괄沈括의 저서 『몽계필담』의 제18권 기예에 다음과 같이 나타나 있다.

算術多門 如求一上驅塔因重因之類 皆不離乘除 唯增減一法稍異
其術都不用乘除 但補虧就盈而已 假如欲九除者增一便是 八除者增二便是
但一位一因之 若位數少 則頗簡便 位數多 則愈繁 不若乘除之有常
然算術不患多學 見簡卽用 見繁卽變 不膠一法 乃爲通術也

이 경우 "구일求一"은

$274\times52=137\times104=13700+(137\times4)=13700+400+(37\times4)=14248$

과 같이 계산하는 것이고, "상구上驅"는 구일과 반대되는 경우로 승수의 끝자리 수가 1인 경우 윗자리 수들의 곱만 계산하는 방법으로

$43\times91=(43\times90)+43=3913$

과 같이 계산하는 것이다. "탑인"과 "중인"은 모두 승수를 위의 ㄱ)의 경우와 같이 계산하는 것으로 $87\times35=87\times7\times5$와 같이 계산하는 것이다. 또 "구제자증일편시九除者增一便是"는 $n\times10$ ($1\leq n\leq9$)을 9로 나누면 몫은 n이고 나머지는 n이 되어 산대 나눗셈에서 처음 n은 그대로 두고, n의 아래 자리에 n을 더한 것으로 대치하고, "팔제자증이편시八除者增二便是"는 $n\times10$ ($1\leq n\leq9$)을 8로 나누면 몫은 n이고 나머지는 $2n$이 되어 산대 나눗셈에서 처음 n은 그대로 두고, n의 아래 자리에 $2n$을 더한 것으로 대치하는 것이다.

위의 간편한 계산법은 양휘楊輝의 『승제통변산보』삼권乘除通變算寶三卷(1274)에 정리되어 전해지고, 그 내용은 다음과 같다.

상권에 상승육법相乘六法과 상제이법商除二法이 소개되고 있다.

상승육법은 다음과 같다.

ㄱ) 단인單因 : 승수가 $a=n\times10^m$ ($1\leq n\leq9$, m은 정수整數)인 경우의 곱, 즉 $ab=nb\times10^m$이 되어 한 자리 수 n과 b의 곱을 구하고 자리수는 m에 의하여 결정하는 계산이다. 이 경우 n을 곱하는 것을 "n인 n因"이라 줄여 부르고, 자리수는 따로 결정하므로 이를 정위법 혹은 정신법定身法이라 부르기도 한다. 신身은 본위本位로 산대 계산이 이루어지고 있

는 자리수를 뜻한다.

m이 음수인 경우는 실제로 나눗셈이 되는데, 이를 단인으로 대치하여 계산하고 있다.

$\frac{1}{2}=\frac{5}{10}$, $\frac{1}{25}=\frac{4}{100}$, $\frac{1}{125}=\frac{8}{1000}$ 등을 이용하여 2, 25, 125로 나누는 대신에 각각 5, 4, 8을 곱하고 자리수만 내리는 방법으로 계산하는데, 이에 그치지 않고

$$\frac{1}{3333}=\frac{3}{10000},\quad \frac{1}{1666}=\frac{6}{10000},\quad \frac{1}{14285}=\frac{7}{100000},\quad \frac{1}{1111}=\frac{9}{10000}$$

등의 근사값을 통한 곱셈으로 바꾸어 계산하는 방법도 포함하고 있다.

ㄴ) 중인重因은 위의 심괄의 중인, 즉 『하후양산경』의 ㄱ)을 뜻한다.

ㄷ) 신전인身前因은 위의 심괄의 상구上驅와 같은 방법이다.

ㄹ) 상승相乘은 두 자리 이상의 곱셈을 뜻한다.

ㅁ) 중승重乘은 위의 중인과 같은 방법으로 계산하는데 다만 승수가 두 자리 이상의 인수를 갖는 경우를 뜻한다. 양휘의 예를 들면,

$38367\times23121=38367\times(9\times7\times367)$로 계산하는 것이다.

ㅂ) 손승損乘은 『하후양산경』의 ㄹ)의 경우와 같이

구승자손일九乘者損一　팔승자손이八乘者損二　칠승자손삼七乘者損三

육승자손사六乘者損四　오승자절반五乘者折半 등과 같이

$9=10-1$, $8=10-2$, $7=10-3$, $6=10-4$를 이용하여 자리수를 옮기고 모자라는 부분을 곱해서 빼는 방법이다.

상제이법은 법과 실을 정하는 법으로 특별한 계산법은 아니다.

양휘는 이어서 『승제통변산보』 중권에서 가법오술加法五術과 감법사술減法四術을 기술하고 있는데, 이는 후에 각각 신외가법身外加法과 신외감법身外減法으로 불리게 된다. 가법오술은 다음과 같다.

ㄱ) 가일위加一位, 가이위加二位, 가격위加隔位는 『하후양산경』의 ㄴ)의 경우를 뜻하는 것인데, 승수가 11 ~ 19 사이인 경우를 가일위, 111 ~ 119 사이의 경우를 가이위, 즉 100자리와 10자리에서 두 번 자리를 옮기는 것을 뜻하고, 101 ~ 109 사이의 경우를 가격위라 하였다. 특히 $10+n$

$(1 \leq n \leq 9)$의 경우 이들을 각각 "가 n加 n"이라고 줄여 사용하였다.

예를 들면 "術曰加六以代六二五除也"는

$\frac{1}{625}=\frac{16}{10000}$으로 계산하는데, 16을 곱하는 것을 가6加六이라 하였다. 또 $100+n$ $(11 \leq n \leq 99)$을 곱하는 경우도 "가 n加 n"으로, 가격위의 경우, 즉 $100+n$ $(1 \leq n \leq 9)$의 경우는 "격위가 n隔位加 n"으로 줄여 부른다.

ㄴ) 중가重加는 $247 \times 195 = 247 \times 13 \times 15$로 변환하여 가3, 가5함으로 계산하는 것을 뜻한다.

ㄷ) 연신가連身加는 승수가 21 ~29 사이의 경우로

$29 \times 23 = 29 \times (13+10) = (29 \times 13) + (29 \times 10)$과 같이 가3한 후 다음 29×10을 더해 주는 것을 뜻한다.

감법사술은 위의 가법오술에서 연신가를 뺀 나머지 가일위, 가이위, 가격위, 중가의 역산을 이용하여 나눗셈을 하는 것을 뜻한다.

감일위減一位는 제수가 11 ~19 사이의 경우로 이 경우도 "감 n減 n"이라는 용어를 사용한다. 감이위減二位는 제수가 111 ~119 사이의 경우, 격위감隔位減은 101 ~109인 경우이고, 중감重減은 중가의 역산, 즉 $441320 \div 187 = 441320 \div 11 \div 17$로 바꾸어 계산하는 것을 뜻한다.

이어서 양휘는 求一代乘除說, 즉 구일술을 설명하고, 또 『승제통변산보』 하권에서는 승수, 제수가 21부터 299까지의 경우를 위에 도입한 계산의 합성으로 계산할 수 있음을 밝히고 있다. 예를 들어 승수가 26인 경우는 배실倍實 가삼加三으로 $(26 = 2 \times 13)$, 37인 경우는 가11加11 삼제三除 $(37 = \frac{111}{3})$ 등으로, 제수가 12인 경우 절반折半 가오加五 구귀九歸 $(12 = 2 \times (90 \div 15)$에서 반으로 나누고 15를 곱한 후 9로 나누고 자리수를 결정하여 계산), 32인 경우는 양절반兩折半 가이오加二五 $(32 = 4 \times 8 = 4 \times \frac{1000}{125}$에서 4로 나누고 125를 곱한 후 자리수를 결정하여 계산) 등과 같이 계산하는데 이 경우 상당히 많은 부분이 소인수분해와 같은 생각이 들어 있음을 알 수 있다.

곱셈의 가법오술은 계산의 과정을 상당히 많이 줄여주는데 반하여, 나눗셈의 감법사술은 몫을 계산하는데 별로 도움이 되지 않고 다만 몫을 추정하여 이를 제수와 곱하여 실에서 빼는 과정에서 곱셈이 편리한 것 밖에 없다. 따라서 실제로 몫을 계산해 내는 방법을 위하여 귀제법이 도입되었는데 이는 후에 주산의 계산법에 그대로 적용된다. 이들은 구결口訣로 주어져 쉽게 외울 수 있게 하였다. 현재 계산법으로 보면 이들은 몫과 나머지에 대한 정보인데, 이들도 아래에서 설명하겠지만 산대 계산에서 대치하는 과정으로 이해하여야 한다.

먼저 구귀법에 대하여 알아보자. 이들 구결은 기본적으로는 모두 같지만 양휘의 『승제통변산보』 중권에 들어 있는 구귀신괄九歸新括보다 후에 주세걸의 『산학계몽』에 들어 있는 구귀제법九歸除法이 더 편리하고, 이와 같은 구결은 주세걸의 『산학계몽』 이후의 모든 중국 산학서에 나타난다. 즉 가형賈亨의 『산법전능집』算法全能集, 안지재安止齊의 『상명산법』詳明算法(1373), 오경吳敬의 『구장산법비류대전』九章算法比類大全(1450) 가상천柯尙遷(＝柯文邏 1500～1582)의 『수학통궤』數學通軌(1578)에 이어, 정대위程大位(1533～1606)의 『산법통종』算法統宗(1592)에 이르기까지 이들은 다음에 설명한 당귀기일撞歸起一의 구결과 함께 나눗셈을 간편하게 계산하는 방법으로 계속하여 이용된다.

아래에 주세걸의 구귀제법을 먼저 쓰고 괄호 속에 양휘의 구귀신괄을 인용한다.

一歸如一進 見一進成十
二一添作五 逢二進成十 (二歸 見一作五)
三一三十一 三二六十二 逢三進成十 (三歸 見一下二十一卽七 遇三成十)
四一二十二 四二添作五 四三七十二 逢四進成十 (四歸 見一下十二卽六 見二作五 遇四成十)
五歸添一倍 逢五進成十 (五歸 見一作二 見二作四 遇五成十)
六一下加四 六二三十二 六三添作五 六四六十四 六五八十五
逢六進成十 (六歸 見一下四 見二下十二卽八 見三作五 遇六成十)
七一下加三 七二下加六 七三四十二 七四五十五 七五七十一
七六八十四 逢七進成十 (七歸 見一下三 見二下六 見三下十二卽九

遇七成十)
八一下加二 八二下加四 八三下加六 八四添作五 八五六十二
八六七十四 逢八進成十 (八歸 見一下二 見二下四 見三下六
見四作五 遇八成十)
九歸數身下 逢九進成十 (九歸 見一下一 見二下二 見三下三
見四下四 遇九成十)

구귀법에 대한 설명은『산법전능집』,『상명산법』,『구장산법비류대전』 등에 "九歸之法乃分平 溱數從來有見成 數若有多歸作十 歸如不盡搭添行"이라고 정의하고 있다.

구귀법에서 첫째 숫자는 한 자리 수인 제수이고 그 다음 숫자는 피제수에 나타나는 수이다. 앞에서 나눗셈은 삼격산이라 하였는데 구귀법은 일종의 일격산이다. 즉, 피제수만 늘어놓고 위의 구결을 사용하여 피제수를 치환해 가는 과정을 통하여 몫을 구하는 방법이다.

이때 "첨작오"는 피제수의 자리수를 5로 치환하고 "삼십일"은 피제수의 자리수를 3으로 치환하고 그 아래 자리수에 1을 더하라는 뜻이다. "첨일배"는 피제수의 자리수를 2배한 것으로 치환하고, "하가사"는 피제수의 해당되는 자리수는 그대로 두고 그 아래 자리수에 4를 더하고, 마지막으로 "진성십"은 피제수의 자리수가 제수보다 클 때 그 자리수를 나누어 몫을 계산하고 나머지를 다음 자리수에 10배하여 더하여 계산하는 것을 뜻한다. 26532÷8의 예를 들어 설명하면 다음과 같다.

26532 → 2(10)532 (팔이하가사에 의하여 2는 그대로 둔 채 그 아래 자리 수 6에 4를 더하여 (10)으로 6을 대치함) → 32532 (봉팔진성십에 의하여 10에서 8을 빼서 그 자리에 2를 남기고 2+1=3으로 앞자리 2를 대치한다) → 32932 (팔이하가사를 사용함) → 33132 (봉팔진성십) → 33152 (팔일하가이에 의하여 1은 그대로 두고 3은 5로 대치) → 33164 (팔오육십이에 의하여 5는 6으로 2+2=4로 2를 대치) → 33165 (팔사첨작오에 의하여 4를 5로 대치)하여 26532÷8=3316.5를 얻어낸다. 산대 대신에 주산을 생각하면 이 방법이 주산에 쉽게 적용될 수 있음을 알 수 있다.

제수가 두 자리 이상의 수일 경우에 사용되는 당귀기일撞歸起一 구결은 『산학계몽』에는 나타나 있지 않지만, 귀제법의 설명에 들어 있는 내용으로 보아 주세걸은 당귀기일법을 사용하여 계산한 것이 틀림없다. 『산법전능집』, 『상명산법』, 정거丁巨의 『정거산법』丁巨算法 (1355), 『구장산법비류대전』 등에 나타나 있는 구결은 다음과 같다.

一歸爲九十一 無除減一下還一 二歸爲九十二 無除減一下還二
三歸爲九十三 無除減一下還三 四歸爲九十四 無除減一下還四
五歸爲九十五 無除減一下還五 六歸爲九十六 無除減一下還六
七歸爲九十七 無除減一下還七 八歸爲九十八 無除減一下還八
九歸爲九十九 無除減一下還九

위의 각 구결에서 앞 쪽 문장들을 당귀라 하고 뒤 쪽 문장들을 기일이라 한다. 이들의 사용법은 귀제법과 함께 설명하는 것이 좋으므로 귀제법에 대한 정의부터 하자. 먼저 『산학계몽』에 나타나 있는 귀제법의 정의는 다음과 같다.

實少法多從法歸 實多滿法進前居 常存除數專心記 法實相停九十餘
但遇無除還頭位 然將釋九數呼除 流傳故泄眞消息 求一穿韜總不如

또 『산법전능집』, 『상명산법』, 『구장산법비류대전』 등에 나타나 있는 정의는 다음과 같다.

唯有歸除法更奇 將身歸了次除之 有歸若是無除數 起一回將元數施
或遇本歸歸不得 撞歸之法莫教遲 若人識得中間意 算學雖深可盡知

곱셈의 간편셈과 같이 나눗셈에서 귀제법은 모두 분배법칙을 사용하여 계산한다. 피제수 a, 제수 b에 대하여 $b=10a_1+a_0$ $(1\leq a_0,\ a_1\leq 9)$라고 하자. 이때 $a=bq=(10a_1+a_0)q=10a_1q+a_0q$이므로 먼저 a를 $10a_1$로 나누어 몫 q'을 찾고 그것을 기준으로 하여 q를 찾는 과정이 귀제법이다. 물론 이 경우 a의 처음 두 자리가 b보다 크면 나누어, a의 처음 두 자리가 b보다 작게 되는 경우만 생각하면 된다. 이때 $10a_1$은 한 자리 수

a_1으로 나누는 것으로 생각할 수 있으므로 구귀법을 사용하여 q'을 구하게 된다. 다만 a_1과 피제수의 자리수가 같은 경우는 성십成十이 되지만 당연히 피제수의 두 자리수가 제수보다 작으므로 "성십"을 할 수는 없고, 이때 "성십" 대신에 9부터 시작하는 것을 당귀법이라 하고 그 다음 과정에서 구귀법과 기일법을 사용하여 q를 찾아낸다.

먼저 3584÷28를 예로 설명하면 다음과 같다.

피제수 3584의 처음 두 자리 35가 28보다 크므로

3584 → 10784 ($35 \div 28 = 1 + \frac{7}{28}$ 에서 3의 앞자리에 몫 1을 쓰고 35를 나머지 07로 대치함) → 12224 (0자리는 뛰고 다음 두 자리 78을 28로 나누어 몫 2로 78의 앞자리, 즉 0을 대치하고, 나머지 22로 78을 대치함) → 12944 (그 다음 22, 즉 세 번째 네 번째 자리 22는 28보다 작으므로 당귀법 이귀위구십이二歸爲九十二를 써서 앞자리 2를 9로, 그 다음 자리 2는 2를 더하여 4로 대치함) → 12864 (44가 9×8보다 작으므로 기일법 무제감일하환이無除減一下還二에 의하여 9는 8로 대치하고 그 아래 자리 4는 $4+2=6$으로 대치함) → 128 ($8 \times 8 = 64$이므로)을 얻어 $3584 \div 28 = 128$이다. 이를 현재 방법으로 설명하면 다음과 같다.

$3584 = 28 \times 100 + 784$이고, $784 = 28 \times 20 + 224$가 두 번째 단계이고 그 다음부터 당귀기일법을 사용하는데

$$224 = 20 \times 9 + (20 + 24) = 20 \times 8 + (20 + 44) = 20 \times 8 + 64 = 20 \times 8 + 8 \times 8$$
$$= (20 + 8) \times 8 = 28 \times 8$$에 의하여 구하는 몫 128을 얻는다.

또 310÷39의 예를 들어 설명하자.

310 → 940 (당귀법 三歸爲九十三에 의하여 3을 9로, 1은 $1+3=4$로 대치함) → 870 (40이 9×9보다 작으므로 기일법 無除減一下還三에 의하여 9는 8로, 4는 $4+3=7$로 대치함) → 7(10)0 (70이 $8 \times 9 = 72$ 보다 작으므로 다시 기일법에 의하여 8은 7로, 7은 $7+3=10$으로 대치함) → 737 ($100-(7 \times 9) = 37$로 100을 대치함)에서 310을 39로 나누면 몫은 7이고 나머지는 37이다. 물론 이어서 계산하면 소수 이하의 몫도 구할 수 있다.

위의 두 경우 모두 당귀기일법을 사용하고 있지만, 귀제법에서 이를 전혀 사용하지 않고 다만 구귀법과 위의 분배법칙만 이용하여 계산하는

경우도 있다. 5831÷87을 예로 들어 설명한다.

5831 → 6(10)31 (58은 87보다 작고, 구귀법 八五六十二에 의하여 5는 6으로 8은 8+2=10으로 대치함) → 6611 (103이 6×7=42보다 크므로 (10)3을 103−42=61로 대치함) → 6751 (61은 87보다 작고, 구귀법 八六七十四에 의하여 6은 7로, 1은 1+4=5로 대치함) → 6702 (51은 7×7=49보다 크므로 51은 51−49=02로 대치함)에 의하여 5831을 87로 나누면 몫은 67이고 나머지는 2이다. 이를 현재 방법으로 설명하면

$5831=(80\times60)+(200+831)=(80\times60)+1031=(80\times60)+(7\times60+611)$
$=(87\times60)+(80\times7+51)=(87\times60)+(80\times7)+(7\times7)+2=(87\times67)+2$
로 계산한 것이다.

(4-1) 무릇 피차가 서로 형성되는 수는 곱하기와 나누기에서 시작한다.

凡彼此相形之數 肇端於乘除

(4-2) 곱한다는 것은 생수이다. 두 수는 서로 도와 법과 실이 된다.
예로 2와 3 두 수가 있어 2로 3에 곱하면 6을 얻을 수 있다.
3으로 2에 곱해도 또한 6을 얻을 수 있다.
따라서 3을 실로 삼고, 2로 법을 삼을 수 있고,
또한 2로 실을 삼고, 3으로 법을 삼을 수 있다.
따라서 법과 실은 구분이 없어 한 가지 종류가 된다.

而乘者生數[1)]也 兩數相生 互爲法實
如有二三兩數 以二乘三 而得六
以三乘二 而亦得六
則可以三爲實 而二爲法
亦可以二爲實 而三爲法
故法實無分 同歸一類

1) 상수학象數學의 체계를 세운 소옹邵雍 (1011 ~1077)은 "乘者生數也 除者消數也"라고 하였다.

가상천柯尙遷의 『수학통궤』數學通軌(1578)에 인승의因乘義에서 그는 다음과 같이 정의하고 있다.

因者生也 謂九九相生之義也 乘者陞也 謂九九陞積之義也

單位曰因 多位曰乘 通而言之曰乘也

곱셈에서 법과 실을 구별할 필요가 없고 구구단이 자연스러운 것으로 받아들여지는데서 곱셈을 생수라고 본 것 같다.

가상천柯尙遷은 나눗셈에 대하여 귀제의歸除義에서 다음과 같이 정의하였다.

歸者會也 謂會萬分之數而歸於一也 除者減也 謂約存身數而減其餘也

單位曰歸 多位曰歸除 通而言之曰除也

이와 같이 곱셈과 나눗셈에서 승수와 제수가 "한 자리수"와 "두 자리 이상"을 구별하여 각각 인因, 귀歸와 승乘, 귀제歸除로 구별하고 있다. 이는 앞의 산법의 설명과 일치한다.

(4-3) 나누기는 성수로, 법과 실이 이미 구분되어
서로 뒤섞이는 것을 허락하지 않는다.
예로 2와 5란 두 수가 있어서, 2로 5를 나누면 2.5를 얻고,
5로 2를 나누면 0.4를 얻는다.
즉, 2로 2.5에 곱하면 5와 같아지고,
5로 0.4에 곱하면 2와 같아진다.
각각 정부상당의 이치를 이룬다.

若夫歸除 則成數[1]也 法實已判 不容相混.
如有二五兩數 以二除五 而得二五
以五除二 而得小餘四
則以二乘二五 而與五相當
以五乘小餘四 而與二相當
各成正負相當之理[2]

1) 생수와 성수의 단어는 하도河圖의 래지덕來知德의 래주來註 중에 一二三四五居于圖之內者生數也 化之漸也 變也

六七八九十居于圖之外者成數也 變之成也 化也

. . .

一六居北爲水故水生于一而成于六 所以一爲生數 六爲成數

生者卽其成之端倪 成者卽其生之結果

二七居南爲火 三八居東爲木 四九居西爲金 五十居中央爲土 皆與一六同

에서 생수와 성수가 정의되고 있는데 위의 곱셈을 생수로 본 것과 나눗셈을 성수로 보는 것과 위의 정의가 어느 정도 일치한다고 볼 수 있다.

2) 저자는 위에서 예로 든 $2 \times 2.5 = 5$와 $5 \times 0.4 = 2$의 우변을 각각 이항하여 $2 \times 2.5 + (-5) = 0$, $5 \times 0.4 + (-2) = 0$의 등식으로 이해하고자 한다. 즉 정부상당을 $a + b = 0$으로 정의하여 방정식 $p(x) = 0$ 의 기틀을 숫자를 통하여 이해시키려고 하고 있다. 이에 대한 자세한 내용은 아래 **(4-4)**의 주 6)을 참조한다.

(4-4) 『사원옥감』四元玉鑑의 양의합철兩儀合轍편 제12문에서

좌식左式으로 우식右式을 빼서 $-17x + 2873$ $(=0)$**을 얻는다.**

2차항이 없는 1차방정식을 풀어 169보를 얻는다.

1차방정식의 산대 표시에서 위에 있는 것이 실이고 아래의 것이 법이고 이를 풀려면, 위의 실은 정으로 아래 법은 부로 하여 나누면 된다.

이것은 비록 천원天元과 지원地元이 포함되어 있지만, 한 개의 법과 한 개의 실에 이르러 (일원) **정부상당식을 이루어야 한다.**

如四元玉鑑[1] 兩儀合轍第十二問草[2]

以左式消右式得[3] 2873

　　　　　　　　-17

開無隅平方得一百六十九步

無隅平方 卽上實下法 除而上實正 下法負也[4]

此雖天地兩元之術 約至於一法一實 而仍成正負相當之式[5]

1) 『사원옥감』은 주세걸의 저서인데 주세걸에 관하여 알려진 것은 없다. 다만 막약莫若이 『사원옥감』의 서문에 쓴 다음이 전부이다.

"燕山松庭朱先生以數學名家周遊湖海二十餘年矣四方之來學者衆"

즉 “연산(지금의 북경)의 송정 선생(송정은 주세걸의 호號, 그의 자字는 한경漢卿)은 수학자로 매우 유명하였고, 20여년간 여러 곳을 떠돌아 다녔으며, 그에게 수학을 배우려고 사방에서 모여들어 그 수는 매일같이 늘어났다”. 그는 1303년에 『사원옥감』을 출판하기 전에 앞에서 언급한 대로 1299년에 『산학계몽』을 출판하였다.

『사원옥감』의 원본은 소실되고 19세기 초에 완원阮元에 의하여 다른 판본이 발견되고, 그 후 1834년에 나사림羅士林이 주를 달아서 『사원옥감세초』四元玉鑑細草라는 이름으로 출판하였다. 우리가 가지고 있는 영인본은 1835년 양주揚州 이상李棠의 사본이다.

『사원옥감』은 모두 3권으로 이루어져 있고 상권은 7개 분야, 중권은 10개 분야, 하권은 8개 분야로 나누어져 있다.

다항식을 나타내고 이들에 연산을 시행하고 이를 통하여 방정식에 대한 이론을 발전시킨 천원술天元術은 이야李冶의 『측원해경』(1248), 『익고연단』(1259)과 함께 주세걸의 『산학계몽』, 『사원옥감』에 들어 있어서 『사원옥감』은 『구장산술』이래 중국의 대수학에 가장 중요한 산학서 중의 하나이다.

2) 이 문제는 『사원옥감』의 하권 제5분야인 양의합철의 제12문이다.

지금 직각삼각형의 넓이는 30보이고, 구句[a)]와 고股[a)]의 합은 17보이다. 이때, 현弦[a)]의 제곱은 얼마인가? 답은 169보이다.

今有 句股積三十步 只云句股和十七步 問弦冪幾何 答曰一百六十九步

a) 직각삼각형에서 직각을 낀 변 중에 작은 쪽을 밑변으로 구句, 큰 쪽을 높이로 고股, 빗변을 현弦이라 하고 이들의 길이도 각각 구, 고, 현이라 부른다.

그 풀이는 弦의 제곱을 천원일로, 股를 지원일로 놓고 천지배합을 통하여 2873을 실(=상수항), -17을 법(=1차항)을 얻어, 2차항이 없는 방정식 $-17x+2873=0$을 얻어 2차항이 없는 2차방정식을 풀면 된다.

術曰立天元一爲弦冪 地元一爲股 天地配合[a)]

求之得二千八百七十三爲正實[b)] 十七爲益方[b)] 開無隅平方[c)] 合問

a) 『사원옥감』의 여러 곳에 천지배합이라는 문구가 나오고 이에 대한 설명은 모두 생략되어 있는데, 이는 천원과 지원에 관한 주어진 조건을 만족시키는 식을 구하는 것을 뜻한다.

b) 주세걸은 그의 『사원옥감』 하권 여덟 번째 절 사상조원四象朝元의 제6문에서 다음과 같이 14차 고차 방정식을 다루고 있다.

今有一數不知多少 但言五較各自乘併之爲正實 以三萬益方 一爲從上廉
一爲從下廉 二爲益隅 三乘方開之與其數相等 只云句股和冪減二
直積加三相和與其數冪自乘併 弦冪減股相同
又云半之 三相和加黃方與其數再自乘亦等 問元數幾何 答曰 二步

術曰 立天元一爲句 地元一爲股 人元一爲弦 物元一爲開數
四象和會求之得 一千一百五十二爲正實 七百六十八爲益方
六百四十爲益上廉 一千七百九十二爲從二廉 三百八十四爲益三廉
九千八爲益四廉 一萬九千一百一十二爲從五廉 八千七百九十九爲益六廉
八千七百九十五爲益七廉 一萬二千六百三十七爲從八廉
二千三十爲從九廉 一萬九千一百六十八爲益十廉
二萬二千二百九十二爲從十一廉 一萬一千一百一十二爲益十二廉
二千六爲正隅 十三乘方 開之 得二步 卽元數也 合問

즉, 그의 방정식은

$$2006x^{14}-11112x^{13}+22292x^{12}-19168x^{11}+2030x^{10}+12637x^{9}-8795x^{8}$$
$$-8799x^{7}+19112x^{6}-9008x^{5}-384x^{4}+1792x^{3}-640x^{2}-768x+1152=0$$

으로, 상수항부터 14차항까지의 계수를 나타내는 방법으로 실實, 방方, 상렴上廉, 이염二廉, 삼렴三廉, . . . , 십일렴十一廉, 십이염十二廉, 그리고 마지막으로 우隅를 사용한다. 그 정正과 부負를 각각 종從과 익益을 그 앞에 붙여서 사용하는데, 실과 우는 정과 부를 정과 익으로 나타내고 있다. 또 최고차 바로 아래차 항은 하염下廉으로 나타내기도 하는데 이는 문제에 들어 있다. 물론 이 문제의 초에는 아래 d)에서 설명하는 사원술을 이용하여 산대 표시를 하고 있다.

주세걸 이전에 다항방정식의 계수를 나타내는 방법으로 진구소秦九韶(1202?～1261?)는 그의 저서 『수서구장』數書九章(1247)에서 2차, 3차, 4

차식의 계수를 상수항부터 차례로 실實, 방方, 우隅; 실實, 방方, 염廉, 우隅; 실實, 방方, 상렴上廉, 하염下廉, 우隅로 나타내고, 10차식의 계수는 실實, 방方, 상렴上廉, 차염次廉, 재염才廉, 유염維廉, 행렴行廉, 효염爻廉, 성렴星廉, 하염下廉, 우隅로 나타내었다. 재才는 삼재三才 (天 地 人), 유維는 사유四維 (禮 義 廉 恥), 행行은 오행五行 (金 木 水 火 土), 효爻는 육효六爻, 성星은 칠성七星 (日 月 金 木 水 火 土) 등에서 숫자를 생략하고 나머지 글자만 사용하고 있기 때문에 실제로 이 둘은 같은 것이지만 우리에게는 주세걸의 방법이 훨씬 편리하게 보인다.

참고로 팔은 팔괘八卦, 구는 九宮 등에서 괘와 궁으로 대신하고 있다.

c) 주세걸은『사원옥감』에서 1차방정식을 2차항이 없는 2차방정식으로 이해하고 있다.

초를 달면, 弦의 제곱을 천원일($=x$), 고股를 지원일($=y$)이라 하고 두 변의 합에서 지원을 빼면 $-y+17$을 얻고 이는 구句이다. 句와 지원을 곱하여 $-y^2+17y$를 얻고, 이는 직각삼각형의 넓이의 두 배이므로 60보이고 이를 빼서 $-y^2+17y-60(=0)$을 얻는데 이를 금식今式이라 하자. 句를 제곱하여 구멱 $y^2-34y+289$를 얻고 股의 제곱을 하여 고멱 y^2을 얻는다. 句와 股의 제곱의 합은 $2y^2-34y+289$이고 이를 천원에서 빼면 $x-2y^2+34y-289(=0)$를 얻는데, 이를 운식云式이라 하자. 우행右行[a]으로 $(-1)\times$금식[b]을 곱하여 다음을 얻는다.

$$-289y^2+4913y-17340+xy^2-17xy+60x(=0)$$ [c]

운식에 60을 곱하여 식 $-120y^2+2040y-17340+60x(=0)$를 얻어 빼면

$$-169y^2+2873y+xy^2-17xy$$

을 얻는다. 이를 우식右式이라 하자.

금식을 두 배하여 $-2y^2+34y-120(=0)$을 얻고 이를 운식에서 빼면 $x-169(=0)$를 얻어 이를 좌식左式이라 하고 또, (좌식) y^2-(우식)하여 (17) y로 나누어 $x-169(=0)$를 얻는데[d] 이는 2차항이 없는 2차방정식으로 이를 풀면 169보를 얻는다.

草曰 立天元一爲弦冪 地元一爲股 以地元減句股和得 −1 17 爲句 用乘地元得 −1 17 太 爲直積 乃倍句股積得六十步 消之得
−1 17 −60 爲今式
副以句自之得 1 −34 289 爲句冪 又股自之得 1 0 太 爲股冪
併句股二冪得 2 −34 289 消天元得 −2 34 −289 爲云式
1

以右行齊今式得 −289 4913 −17340 六十云式 −120 2040 −17340
1 −17 60 60

消之得
−169 2873 太 爲右式 又倍今式 −2 34 −120 消云式得 −169
1 −17 0 1

爲左式
用消右式得 −169 開無隅平方得一百六十九步 合問
1

a) 위에서 언급한 대로 천원술은 다항식을 나타내는 방법이라고 하였는데, 특히 『사원옥감』에서는 4개의 문자를 가지는 다항식을 아래와 같이 각 항의 계수를 산대를 써서 나타내었다.

. . . .
. . . u^2y^2 u^2y u^2 u^2z u^2z^2 . . .
. . . uy^2 uy u uz uz^2 . . .
yz
. . . y^2 y 太 z z^2 . .
xu
. . . xy^2 xy x xz xz^2 . . .
. . . x^2y^2 x^2y x^2 x^2z x^2z^2 . . .
. . . .

즉, 천원天元$(=x)$, 지원地元$(=y)$, 인원人元$(=z)$, 물원物元$(=u)$의 4개의 문자로 생성되는 다항식의 각 항의 계수를 위에 나타나는 자리에 넣어서 그 다항식을 나타낸다.

이때, 태太자 항은 물론 상수항을 나타내고, xu, yz, …의 항은 대각선 위에 표시하였다. 주세걸이 『사원옥감』에서 4개의 문자를 가지고 있는 다항식의 표시를 정립하기 전에 위에서 언급한 대로 한 개의 문자를 가지는 다항식의 산대 표시는 이미 이루어지고 있었다. 초기 단계로는 유익劉益의 『의고근원』議古根源(1020?)과 장주蔣周의 『익고집』益古集(1080?)에서 연단술演段術을 쓰면서 다항식의 산대 표시를 시작한 것으로 전해지고 있다. 또 다항식뿐만 아니라 음의 지수까지 나타내는 방법으로 유여해劉汝諧는 그의 저서 『여적석쇄』如積釋鎖(1170)에서 상수항부터 차례로 인人, 천天, 상上, 고高, 층層, 루壘, 한漢, 소霄, 명明, 선仙을 써서 9차항까지 나타내고 또 −1차항부터 −9차항까지를 지地, 하下, 저低, 감減, 낙落, 서逝, 천泉, 암暗, 귀鬼를 써서 나타내었다. 그 후 이야는 상수항 인人은 태太로 바꾸고 진구소와 함께 주세걸의 표시 방법에 대한 기초를 완전히 세웠다. 주세걸도 천과 지 이원의 경우에는 천원은 태항太項 아래로, 천원의 음의 지수는 태항 위로, 지원은 태항 왼쪽에, 음의 지수는 태항 오른쪽에 나타내고 있다 (**(16-2)**의 주 1), 2) 『사원옥감』四元玉鑑 사가령초四假令草 참조).

※ 인쇄의 편의상 천원술로 나타낸 원문의 산대 표시 다항식의 모든 산대는 숫자로 바꾸고, 번역에서 그 식은 현대적 표시 방법으로 나타내기로 한다. 이 방법은 남병길의 『산학정의』에서도 이미 사용되었다.

따라서 운식 −2 34 −289 는 $x-289+34y-2y^2$이고, 이때 우행
1

−289 는 $x-289$를 뜻한다.
1

"이A식우행제B식以A式右行齊B式"은 A식의 우행 혹은 (−1)×우행을 B식에 곱하는 것을 뜻한다.

b) 앞으로 (−1)×금식은 간단히 (−1)금식과 같이 나타낸다.

c) 금식×(−1)우행이다.

d) 우식 $-169y^2+2873y+xy^2-17xy=y(y-17)(x-169)$이다. 이 인수분해에 의하여 $x-169(=0)$를 얻을 수 있는데, 중국 산학은 방정식의 풀이에 인수분해를 전혀 사용하지 않았다.

또 운식 −2(금식)에서도 $x-169(=0)$를 얻을 수 있다.

좌식에서 이미 $x-169(=0)$를 얻었는데, 다시 이 과정을 통하여 같은 식을 얻어낸 이유를 알 수 없다.

또, 나사림은 $x=y^2+z^2=(y+z)^2-2yz=17^2-60=169$를 이용하여 답을 곧 얻을 수 있다는 주를 달아 놓고 천원술을 억지로 쓰기 위하여 멀리 돌아 문제를 해결하였다고 하였다.

3) 위의 f)에서 언급하였듯이 좌식과 우식을 연결하여 문제를 해결한 것은 아니므로 적절한 인용은 아니다.

4) 1차방정식 $ax+b=0$을 천원술로 나타내면 다음과 같다.

b (太)　(實)

a (天元)　(法)

그 해는 $b\div(-a)$ 혹은 $(-b)\div a$인데 저자는 전자를 택하였다.

5) $a+(-b)=0$이기 위한 필요충분조건은 $a=b$임을 뜻한다.

저자는 식

$a+(-b)=0$ 혹은 $(-a)+b=0$을

정부상당지식正負相當之式으로 나타낸다. 이때 a와 $-b$는 절대값은 같고 그 부호는 서로 다른 $a+(-a)$ 혹은 $(-a)+a$로 생각하였다. 『수리정온』數理精蘊(1723) 이전의 중국 산학에서는 다항식 $p(x)$와 방정식 $p(x)=0$에 대한 표현 방법에서 구별을 하지 않은 채 같이 나타내고 풀이 과정에서 그 차이를 알 수 있었는데, 이는 조선 산학에도 그대로 유지되어 왔다. 즉, 등식 $p(x)=q(x)$의 개념은 없고, 또 모든 다항식은 산대를 써서 천원술로 나타내고 있기 때문에 방정식 $p(x)=0$에서 $p(x)$만을 사용하고 있음에 유의하여야 한다. 『수리정온』에서는 등호 "="를 사용하여 등식을 나타내고 있다.

(4-5) 어찌 나누기도 그 이치가 없겠는가.
이후로 법과 실이 있는 것은 모두 이와 같다.

豈非歸除之 亦函其理耶
過此以往 有法有實者 皆同此

(4-6) 예를 들면 좁쌀과 현미를 같은 값으로 살 수 있는 양의 비율이 5：3일 때 좁쌀 한 말로, 현미를 사려고 하면 여섯 되가 된다.
『구장산술』에서는 금유술今有術이라고 하고 『수리정온』數理精蘊에서는 "정비례사율正比例四率"이라고 하였다. 무릇 이승동제이다.
좁쌀과 현미의 비율이 5：3인데 이들의 각 수에 각각 정과 부를 주어 상당이 되도록 한다.
좁쌀 한 말과 현미 여섯 되도 각각 정과 부를 주어 상당이 된다.
먼저 현미 율 3을 부負로 좁쌀 1말을 정正으로 하여 곱하여 부負의 3말을 얻는다.
다음으로 좁쌀 율 5를 정正으로 현미 6되를 부負로 하여 곱하면 역시 부負의 3말을 얻는다.
뒤에 얻은 수로 앞에서 얻은 수를 털어 버리면 뒤에 얻은 수가 부에서 정으로 변하여, 앞에서 얻은 것은 부이고 그들의 절대값은 서로 같아서 상당이 된다.
그러므로 먼저 얻은 수(3말)가 부이면서 실이 되고, 좁쌀 율 5가 정이면서 법이 되어 1차방정식을 풀어 현미 6되를 얻는다.

例如粟率五 糲米率三 而今有粟一斗 欲爲糲米 則得六升[1)]
九章算術謂之 今有術[2)] 數理精蘊謂之正比例四率 盖異乘同除[3)]也
粟率五 與糲米率三 爲一正一負之相當數
粟一斗與糲米六升 亦爲一正一負之相當數
先以糲米率三負乘今有粟一斗正 得三斗爲負
後以粟率五正乘糲米六升負 亦得三斗爲負
乃以後得數 消先得數
則後得數變爲正 而與先得數 仍爲正負相當之數[4)]
故以先得數爲負實 以粟率五正爲法 除之 得糲米六升正也[5)]

1) 이 문제는 『구장산술』 제2권 粟米의 제1문이다.
"今有粟一斗 欲爲糲米 問得幾何 答曰 爲糲米六升"

2) 금유술은 비례식 $a:b=c:d$에서 $ad=bc$, 즉 $d=bc/a$를 써서 문제를 푸는 것을 의미한다. 『구장산술』에서는 금유술과 경율술經率術을 같이 쓰고 있다.

3) 『산학정의』 중편의 이승동제異乘同除에 "異乘同除者 四率比例也 以原有之兩件相除故爲同除 以今有之一件乘之故爲異乘," 즉 금유술을 뜻한다.

4) $(-3)-(-3)=(-3)+(3)=0$을 뜻한다. 위의 주 6)을 참조하라.

5) 저자는 금유술을 써서 $5:10=3:x$를 풀어 $x=(3\times10)/5$, 즉 $x=6$을 얻는 것을, $5x-30=0$을 만들어 위의 『사원옥감』에서 1차방정식 $ax+b=0$의 해법 $x=-b/a$를 (이 과정을 "제지除之"라 하고 있다) 써서 푸는 문제로 이해하고 있다.

따라서 -30을 얻기 위하여 좁쌀 부분을 정正, 현미 부분을 부負로 하여 억지로 설명을 붙이고 있다. 방정식 $5x=30$에서 이항하여 $5x-30=0$을 만드는 과정을 한 수는 정正으로 나머지 수는 부負로 하여 30을 -30으로 만들었다.

저자는 등식의 양변에서 같은 항을 더하든지 빼서 정리하는 것을 충분히 이해하고 있지 않은 것으로 보인다.

그러나 금유술(=경율술)을 써서 쉽게 풀 수 있는 문제를 이와 같이 정正과 부負를 대응시켜 1차방정식의 풀이로 정리한 것은 흥미 있는 일이다.

또, 이 과정에서 정과 부의 곱은 부임을 사용하고 있다.

(4-7) 영뉵盈朒에 이르러서는 더욱 밀접하다.
예를 들어 각 사람마다 은銀 7냥씩 나누면 4냥이 남고,
각 사람마다 은銀 9냥씩 나누면 12냥이 모자란다면,

사람은 8명이고 은銀은 60냥이 된다.

至於盈朒[1)]尤爲襯切
如有每人分銀七兩 盈四兩
每人分銀九兩 朒十二兩
則人爲八 而銀爲六十兩也[2)]

1) 영뉵(=조뉵朓朒, 영부족盈不足, 贏不足)은 『구장산술』 제7권 영부족을 유휘가 다른 이름으로 부른 것이다. 영부족술의 기본은 다음과 같다.

1차방정식 $ax+b=c$에서 $x=a_1$로 가정하였을 때 그 오차가 c_1이라면

$$a\,a_1+b=c+c_1,$$

$x=a_2$로 가정하였을 때 그 오차가 c_2라면

$$a\,a_2+b=c+c_2,$$

따라서 $a=\dfrac{c_1-c_2}{a_1-a_2}$, $c-b=\dfrac{a_2c_1-a_1c_2}{a_1-a_2}$이므로 다음을 얻는다.

$$x=\frac{c-b}{a}=\frac{a_2c_1-a_1c_2}{c_1-c_2}$$

이는 이중가정법(Rule of Double False Position)으로 알려져 있다.
『구장산술』에서는 위의 a를 구하는 방법을 영부족술이라 하고 $c-b$와 x를 구하는 방법을 영부족일술(其一術)이라 하였다.

1차방정식 $ax=c$에서 $x=a_1$로 가정하였을 때 $a\,a_1=c_1$이면, $x=\dfrac{a_1}{c_1}c$를 사용해서 방정식을 푸는 방법을 단순가정법(Rule of (Single) False Position)이라 하는데 이는 오래 전부터 널리 사용되어 왔다.
『구장산술』에서는 정正의 c_1을 남는 것으로 생각하여 영盈(=贏=朓), 부負의 c_2를 부족不足(=뉵朒)으로 나타내었다.

진구소는 그의 『수서구장』에서 이 영부족을 일반화하여 다음과 같은 문제를 풀었다.

a_1명이 x_1씩 내면 y_1이 남고(盈), a_2명이 x_2씩 내면 y_2가 모자랄 때(不足), 사람 수와 물건의 값은 얼마인가?

사람 수를 p, 물건의 값을 q라 하면 다음 식을 얻는다.

$$\frac{x_1}{a_1}p=q+y_1, \quad \frac{x_2}{a_2}p=q-y_2$$

이를 풀면 다음과 같다.

$$p=\frac{a_1a_2(y_1+y_2)}{a_2x_1-a_1x_2}, \quad q=\frac{a_2x_1y_2+a_1x_2y_1}{a_2x_1-a_1x_2}$$

이 방법을 후에 쌍투영뉵雙套盈朒의 문제라 하고 『산학정의』 중편에서도 이를 다루고 있다. 이때, $a_1=a_2=1$인 경우가 영부족 문제이다.

2) 이 문제는 『산학정의』 중편 영뉵편의 제1문이다.

사람의 수를 a, 각 사람에게 나누어 줄 은화를 x, 은화의 총수를 c라 하면 $ax=c$를 얻는다. 이때, $x=9(=a_1)$로 가정하면 $c_1=12$이고 $x=7(=a_2)$로 가정하면, $c_2=-4$이므로, 위의 영부족술에 의하여 다음을 얻는다.

$$a=\frac{12-(-4)}{9-7}=8, \quad c=\frac{7\times12-9\times(-4)}{9-7}=60$$

물론, 사람의 수를 x, 은화의 총수를 y로 하여 연립방정식

$$9x-12=y$$
$$7x+4=y$$

를 풀어 사람의 수와 은화의 총수를 구할 수 있다.

그러나 『구장산술』에서는 연립방정식은 제8권 방정方程에 따로 취급하여 영부족의 문제를 연립방정식으로 이해하지 않고 있다.

아래의 주에서 보듯이 저자는 이 문제를 영부족의 문제로 이해하지 않고 연립방정식으로 접근하고 있다.

(4-8) 사람 수의 7배와 남는 4냥은 모두 정正으로 하여 더하면 은의 총수가 된다.

또 사람 수의 9배는 정正이 되고 모자라는 12냥은 부負가 되며 이들을 합하면 은의 총수가 된다.

이 두 수(식)에서 같은 것은 빼고, 다른 것은 더하여 사람 수의 2배는 정正이고, 16냥은 부負인 정부상당식을 얻는다.

<만약에 이전 수를 기준으로 하여 뒤의 수를 빼면, 사람의 수의 2배는 부負, 16냥은 정正이 된다.>

2배는 법이 되고 16냥은 실이 된다.

以人數之七倍 盈四兩俱正 爲摠銀數
又以人數之九倍正 朒十二兩負 亦爲摠銀數[1)]
以兩數 同減異加 得正負相當式
人數二倍正 十六兩負[2)]
<如以前數爲主 以後數減之 則人數二倍爲負 十六兩爲正也[3)]>
二倍爲法 十六兩爲實也[4)]

1) **(4-7)**의 주 2)에서 언급한 대로 다음의 두 식을 얻었다.

$7x+4=y$ …… (i)

$9x-12=y$ …… (ii)

2) 뺄셈의 정부술을 사용하여 (ii)−(i)에서 정부상당식 $2x-16=0$을 얻는다. 식式을 수數로 나타내고 있어서 이양수以兩數는 "두 식에서"로 번역한다.

3) (i)−(ii)에서, $16-2x=0$을 얻을 수 있음을 보였다.

4) 정부상당식을 얻었지만, 해를 구하기 위하여 다시 $2x=16$에서 $x=16\div2(=8)$를 얻는다.

(4-9) 또 다른 예를 들면 각 사람에게 은 6냥씩 나누면 12냥이 남고, 각 사람에게 7냥씩 나누면 4냥이 남는다면, 역시 사람은 8명이고, 은은 60냥이 된다.
사람 수의 6배와 남는 12냥을 모두 정으로 놓고 이들을 더하면 은의 총수가 된다.
또 사람 수의 7배와 남는 4냥을 모두 정으로 하여 이들을 더하면 은의 총수가 된다.
이 두 수를 서로 빼면 사람의 수의 1배는 정正이고, 8냥은 부負인 정부상당식이 된다.

<만약에 앞의 수(式)를 주로 삼는 경우, 사람 수의 1배는 부, 8냥은 정이 된다>
1배는 법, 8냥은 실이 된다.

又如有每人分銀六兩 盈十二兩
每人分銀七兩 盈四兩[1]
則亦人爲八 而銀爲六十兩也
以人數之六倍 盈十二兩俱正 爲摠銀數
又以人數之七倍 盈四兩俱正 亦爲摠銀數
以兩數相減 得正負相當式
人數一倍正 八兩負
<如以前數爲主 以後數減之 則人數一倍爲負 八兩爲正也>
一倍爲法 八兩爲實也

1) 영부족에서 c_1, c_2가 모두 정正인 경우이다. 『구장산술』에서는 c_1, c_2의 모든 경우를 다루었다.

(4-10) 이것들은 모두 법과 실이 하나씩 있어서 정부正負의 구분이 없어도 스스로 분명하다. 그러므로 부호를 사용할 필요가 없다.

然此皆一法一實 雖無正負之別 亦自瞭然 故不必用其號也[1]

1) 위의 속미 문제와 달리 이 경우 $ax-b=0$이 자연스럽게 얻어지고, 속미의 경우는 $ax=b$를 $ax-b=0$으로 변환시키기 위하여 억지로 두 수를 정부正負로 생각하여 $-b$항을 얻어낸 것과 다른 경우임을 뜻한다. 즉 정正, 부負를 손익으로 이해하여 주어진 조건에서 정正, 부負가 확실하게 결정되기 때문이다.

[5] 방정 및 개방에서는 실은 하나이나 법은 여러 개일 수 있다. 여러 개의 법 가운데 실과 같은 부호인 것이 있을 수 있으므로 반드시 정과 부를 밝혀야 한다.

方程[1)]及開方[2)] 皆一實而多法
而多法之中 又有與實同類者[3)] 故必命之以正負

1) 여기서 방정方程이라 함은 연립 1차방정식을 뜻한다. 방정은 『구장산술』 제8권의 제목이고, 또 연립 1차방정식을 풀기 위하여 행렬을 이용하여 풀었기 때문에 방정이란 이름을 사용하였다. 실제로, 다음과 같은 3원 연립방정식으로 예를 들어보자.

$$a_{11}x+a_{12}y+a_{13}z=b_1$$
$$a_{21}x+a_{22}y+a_{23}z=b_2$$
$$a_{31}x+a_{32}y+a_{33}z=b_3$$

이를 산대를 이용하여 다음과 같이 나타내었다.

$$\begin{matrix} a_{31} & a_{21} & a_{11} \\ a_{32} & a_{22} & a_{12} \\ a_{33} & a_{23} & a_{13} \\ b_3 & b_2 & b_1 \end{matrix}$$

현재 사용하고 있는 연립방정식의 확대계수행렬과 비교하면 위의 행렬은 확대계수행렬의 제1행과 제3행을 바꾼 것의 전치행렬이다. 중국 사람들이 오른쪽부터 쓰기 시작한다는 사실을 생각하면 이해가 될 것이다. 현재 열(column)을 행이라 하고 열이란 용어는 사용하지 않았다. 그 풀이는 현재 사용하고 있는 가우스 조르단 (Gauss-Jordan)소거법을 사용하여 삼각행렬을 만들어 풀었다.

2) 개방은 제곱근, 세제곱근, …을 구하는 것을 의미하지만, 나아가서 다항방정식의 풀이를 개방이라고 하였다. 중국의 방정식의 풀이를 자세

히 이해하기 위하여 제곱근, 세제곱근을 구하는 방법과 이의 확장으로 방정식의 근을 구하는 방법을 서술한다.

제곱근과 세제곱근을 구하는 방법은 『구장산술』 제4권 소광少廣에 나오는데 제곱근의 문제는 정사각형의 넓이가 주어졌을 때 그 변의 길이를 구하는 문제(문問 12~16)의 풀이법으로 나와 있다.

> 개방술은 다음과 같다. 주어진 넓이를 실實이라 두고 제곱근의 자리수를 정하기 위하여 산대 하나를 빌려서 실의 한 자리 수 아래에 둔다. 매 단계마다 한 자리씩 뛰어서 옮긴다. 근의 첫 번째 자리수를 추정한다. 추정된 수와 빌린 산대의 놓인 수를 곱하여 이를 법法으로 정한다. 그리고 뺄셈을 하고 법의 두 배를 정법定法이라 한다. 두 번째 뺄셈을 준비한다. 정법을 한 자리 오른쪽으로 옮기고 빌린 산대는 전과 같이 정한다. 근의 두 번째 자리수를 추정한다. 그 수와 빌린 산대를 곱하여 정법에 더한다. 두 번째 뺄셈을 하고, 정법에 한 번 더 위의 곱한 수를 더한다. 같은 방법을 계속한다.
>
> 開方術曰[a)] 置積爲實 借一算 步之超一等 議[b)]所得 以一乘所借一算爲法 而以除 除已 倍法爲定法 其復除 折法而下 復置借算 步之如初 以復議一乘之 所得副以加定法 以除 以所得副從定法 復除 折下如前

a) 위의 개방술의 과정을 『구장산술』 제12문을 예로 들어 설명하면 다음과 같다.

議			200	200	200	200	200
實	55225 →	55225 →	55225 →	55225 →	15225 →	15225 →	15225
法				20000	20000	40000	4000
借	1	10000	10000	10000	10000	10000	100

議	230	230	230	235
實	15225 →	15225 →	2325 →	2325
法	4000	4300	4600	460
借	100	100	100	1

이를 현재 사용하고 있는 식을 이용하여 설명하면 다음과 같다.

방정식 $x^2=55225$를 풀 때, 우선 $x=100a+10b+c$라 놓고 $a, b, c\,(0\le a, b, c\le 9)$를 구하는 문제로 접근한다. 따라서 a를 구하기 위하여 $x=100x_1$로 치환하여 다음에서 a를 추정하여 2를 얻는다.

$$10000x_1^2=55225 \cdots\cdots \text{(i)}$$

다음 b를 구하기 위하여 위의 방정식 (i)에 $x_1=y+2$로 치환하여 다음 방정식을 얻는다.

$$10000(y+2)^2=55225,\ \text{즉}$$

$$10000y^2+40000y=15225 \cdots\cdots\text{(ii)}$$

$b=10y$이므로 $10y=y_1$로 치환하여 (ii)에서 다음을 얻는다.

$$100y_1^2+4000y_1=15225 \cdots\cdots\text{(iii)}$$

그리고 b를 추정하여 3을 얻는다.

c를 구하기 위하여 (iii)에 $y_1=z+3$으로 치환하여 방정식을 얻는다.

$$100z^2+4600z=2325 \cdots\cdots\text{(iv)}$$

$c=10z$이므로 $10z=z_1$로 치환하여 (iv)에서 다음을 얻는다.

$$z_1^2+460z_1=2325 \cdots\cdots\text{(v)}$$

(v)에서 $z_1=5$를 얻어 $c=5$를 얻는다.

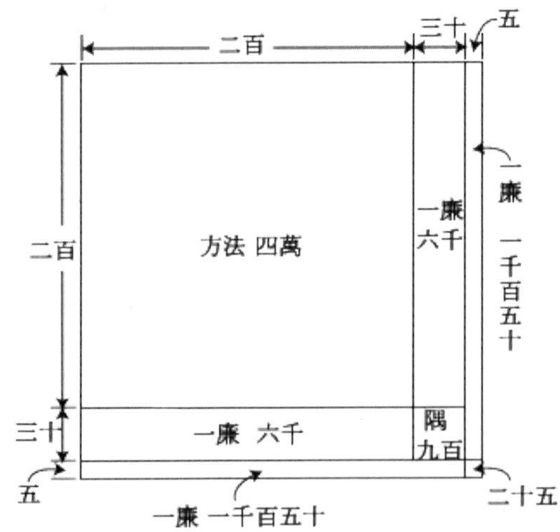

그림 1

위의 방법을 『구장산술』에서는 위의 **그림 1**을 통하여 설명하고 있다.

이는 대수적으로 다음을 통하여 쉽게 이해할 수 있다.

$(a+b)^2-a^2=(2a+b)b$, ($2a$는 정법定法)

$(a+b+c)^2-(a+b)^2=((2a+2b)+c)c$ (위의 4600에 대한 설명)

그러나 그 당시 수학은 이를 모두 기하적으로 이해하고 있다. 또 이를 간략하게 계산하는 방법은 다음과 같다.

	5,52,25	(2는 100의 자리수
-2^2	4	
$\div(2\times2)$	1,5	(3은 10의 자리수
	1,2	
	32	
-3^2	9	
$\div2\times23$	23,2	(5는 1의 자리수
	23,0	
	25	
-5^2	25	
	0	

b) 의議와 상商은 같이 쓰이다가 나중에 상商으로 통일되었는데 나눗셈이나 제곱근을 구할 때 추정하는 과정을 나타낸 것이다. 따라서 제곱근을 구하는 것도 나눗셈을 하는 식으로 생각하였다. 단지 제수除數(=법法)를 정해 가면서 구하는 것으로 이해하고 있다.

세제곱근의 문제는 정육면체의 부피를 주고 한 변의 길이를 구하는 문제로 문問 19~22에서 취급하고 있다.

개입방술은 다음과 같다. 주어진 부피를 실이라 두고 세제곱근의 자리수를 정하기 위하여 산대 하나를 빌려서 실의 한 자리 수 아래에 둔다. 매 단계마다 두 자리씩 뛰어서 옮긴다. 근의 첫 번째 자리수를 추정한다. 추정된 자리수의 세제곱과 빌린 산대가 놓인 수를 곱하여 법法이라 한다. 그리고 뺄셈을 한다. 그러고 나서 법의 3배를 정법定法이라 한다. 두 번째 뺄셈을 준비한다. 정법을 한 자리 아래로 옮기고 그 수를 3배하여 이를 중항이라 한다. 또 다른 산대를 한 개 빌려서 하항에 놓는다. 그들을 옮기는데 중항은 두 자리, 하항은 세 자리 아래로 옮긴다. 그러고 나서 세제곱근의 두 번째 자리수를 추정한다. 이 자리수와 중항을 곱하고 그 자리수의 제곱과 하항을 곱하여 이들을 더하여 이를 두 번째 뺄셈에 대한 정법定法으로 삼는다. 하항을 두 배하고 이를 중항에 한 번 더 더한다. 이 합을 위의 정법定法에 더한다. 이 방법을 반복한다.

開立方術[a]曰 置積爲實 借一算 步之超二等 議所得 以再乘所借一算爲法而以除 除已 三之爲定法 復除 折而下 以三乘所得數 置中行 復借一算置下行 步之中初一 下超二位 復置議 以一乘中 再乘下 皆副以加定法 以定除 除已 倍下 并中從定法 復除 折下如前

a) 위의 개입방술을 제19문에 적용하면 다음과 같다.

議					100		100		100
實	1860867		1860867		1860867		1860867		860867
法		→		→		→	1000000	→	1000000
中									
下									
借	1		1000000		1000000		1000000		1000000

議	100		100		100		100		100
實	860867		860867		860867		860867		860867
法	3000000	→	300000	→	300000	→	300000	→	300000
中					3000000		3000000		30000
下							1000000		1000
借	1000000		1000000		1000000		1000000		1000

議	120		120		120		120		120
實	860867		860867		860867		132867		132867
法	300000	→	300000	→	364000	→	364000	→	364000
中	30000		60000		60000		60000		60000
下	1000		4000		4000		4000		8000
借	1000		1000		1000		1000		1000

議	120		120		120		123
實	132867		132867		132867		132867
法	364000	→	432000	→	43200	→	44289
中	68000		36000		360		1080
下	8000		1000		1		9
借	1000		1000		1		1

이를 현재 사용하고 있는 식을 이용하여 설명하면 다음과 같다.

방정식 $x^3=1860867$을 풀 때, 제곱근의 경우와 같이 우선 $x=100a+10b+c$로 놓고 $a, b, c\ (0\leq a, b, c\leq 9)$를 구하는 문제로 바꾼다. 따라서 a를 구하기 위하여 $x=100x_1$로 치환하여 다음에서 a를 추정하여 1을 얻는다. $1000000x_1^3=1860867$ …… (i)

다음 b를 구하기 위하여 위의 방정식 (i)에 $x_1=y+1$로 치환하여 다음 방정식을 얻는다. $1000000(y+1)^3=1860867$, 즉

$$1000000y^3+3000000y^2+3000000y=860867 \quad \cdots\cdots \text{(ii)}$$

$b=10y$이므로 $10y=y_1$로 치환하여 (ii)에서 다음을 얻는다.

$$1000y_1^3+30000y_1^2+300000y_1=860867$$

그리고 b를 추정하여 2를 얻는다.

다음 c를 구하기 위하여 (ii)에 $y_1=z+2$로 치환하여

$$1000z^3+36000z^2+432000z=132867 \quad \cdots\cdots \text{(iii)}$$

$c=10z$이므로 $10z=z_1$으로 치환하여 (iii)에서 다음을 얻는다.

$z_1^3+360z_1^2+43200z_1=132867$ 여기서 $z_1=3$을 얻어 $c=3$을 얻는다.

이 방법을『구장산술』에서 다음 **그림 2**를 통하여 설명하고 있다.

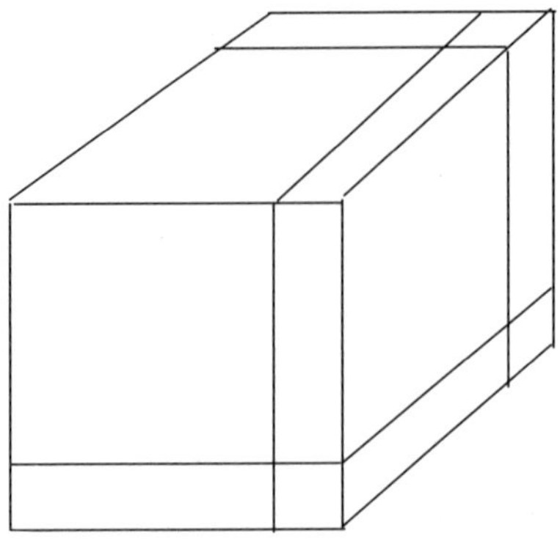

그림 2

이는 대수적으로 다음 식을 통하여 이해할 수 있다.

$$(a+b)^3-a^3=(3a^2+3ab+b^2)b$$

또, 이를 간략하게 계산하는 방법은 다음과 같다.

	1,860,867	(1은 100의 자리수
-1^3	1	
$\div(3\times 12)$	0,8	(2는 10의 자리수
	6	
	26	
$-(3\times 1\times 22)$	12	
	140,	
-23	8	
$\div(3\times 12^2)$	1328	(3은 1의 자리수
	1296	
	326	
$-(3\times 12\times 3^2)$	324	
	27	
-3^3	27	
	0	

위의 두 경우 모두 근의 근사값 a (제곱근의 경우 200, 세제곱근의 경우 100)를 먼저 구하고 그 다음 $x=a+y$를 대입하여 y의 근사값을 구하였다. 실제로 두 번째 자리수 b부터는 각각 2차방정식과 3차방정식을 푸는 문제이다. 중국의 산학자들은 이 방법을 2차 이상의 방정식 풀이에 적용하여 해를 구하였다.

중국 산학자들은 근의 개수나 부負의 근에 대하여는 관심이 없었고 정의 근 하나만 구하면 그것으로 만족하였다.

먼저, 2차 및 3차방정식은 7세기경 왕효통王孝通의 『집고산경』緝古算經에서 다루어지고 있다. 그는 방정식 $x^2+ax=b$에서 a를 종법從法, b를 실實이라 하고, 방정식 $x^3+ax^2+bx=c$에서 a를 염법廉法, b를 방법方法, c를 실實이라 하였다. 13세기부터 고차방정식의 계수는 **(4-4)**의 주 2)에서 언급한 대로 실實, 방方, 상염上廉, 이렴二廉, …, 하염下廉, 우隅로 확정되었고, 또 천원술이 나오기 전에 미지수가 하나인 다항방정식은 천원술의 특수한 경우인 한 행行으로 표시하였다. 실實(=태太)로부터 아래로 방方, 상염上廉, …의 계수를 나타내거나 위로 방方, 상염上廉, …의 계수를 나타내어 방정식을 표시하였다.

방정식의 표시에서 주의할 것은 $p(x)=0$이 아닌 $p(x)$로 나타내었다. 또 다항식 사이의 연산은 이 표시로 쉽게 계산할 수 있었다.

다항식 $p(x)=a_nx^n+a_{n-1}x^{n-1}+\ldots+a_1x+a_0$에 대하여 방정식 $p(x)=0$에서 $p(y+a)$를 계산하여야 한다. 이때, 자연스럽게 $(a+b)^n$을 계산할 필요가 생겼는데, 현재 파스칼(Pascal, 1623~1662)의 삼각형으로 알려져 있는 계산법은 이미 11세기 북송北宋의 가헌賈憲이 이를 이용하여 방정식을 풀었다. 그는 『황제구장산법』黃帝九章算法이라는 책을 썼지만 소실되었고, 13세기 양휘楊輝의 『상해구장산법』詳解九章算法(1261) 구고句股 제구第九편에 개평방법 개입방법 항목에 가헌입성석쇄賈憲立成釋鎖로 가헌의 증승개방법增乘開方法에 대한 이론을 소개하고 있다. 양휘는 위의 파스칼 삼각형이 가헌의 『석쇄산서』釋鎖算書(이 책도 소실되었음)에 들어 있다고 『상해구장산법』에 기술하였다. 양휘가 소개한 가헌의 방법과 진구소가 『수서구장』(1247)에서 사용한 방법은 일치한다.

위의 개방술을 증승개방법增乘開方法으로 설명하면 다음과 같다.

$\sqrt{55225}$를 구하는 것은 방정식 $x^2-55225=0$을 푸는 문제인데, 이때 그는 2차방정식의 2차항의 계수를 하법下法(=우偶), 1차항의 계수를 방方, 상수항을 실實로, 3차방정식은 3차항부터 차례로 하법下法, 염廉, 방方, 실實로 하고 이를 차례로 아래부터 쌓고 그 위에 의議(= 상商)를 놓는다. $x=100a+10b+c(0\leq a, b, c\leq 9)$에서 a를 구하는 방법은 위와 같고 그 다음 b를 구하기 위하여 식 (i) $10000x_1^2-55225=0$에서 $x_1=y+2$를 치환하여 식 (ii) $10000y^2+40000y-15225=0$을 구하는 방법을 다음과 같은 알고리즘을 사용하고 있다.

10000		0		−55225		(2
		20000	↓	40000	↓	
10000	↗	20000	↗	−15225		
		20000	↓			
10000	↗	40000				

이 그림에서 ↓와 ↗은 각각 더하기와 2×(주어진 수)를 뜻한다. 또 식 (iii) $100y_1^2+4000y_1=15225$에서 $y_1=z+3$을 치환할 때 위의 방법을 사용하면 다음을 얻는다.

100		4000		−15225		(3
		300	↓	12900	↓	
100	↗	4300	↗	−2325		
		300				
↓100	↗	4600				

즉, 식 (iv) $100z^2+4600z-2325=0$을 얻는다. 따라서 식

(v) $z_1^2+460z_1=2325$를 얻고, 다음에 의하여 $x=235$를 얻는다.

$$
\begin{array}{ccccccc}
1 & & 460 & & -2325 & & (5 \\
 & & 5 & \downarrow & 2325 & \downarrow & \\
1 & \nearrow & 465 & \nearrow & 0 & &
\end{array}
$$

이를 정리하면 $p(x)=a_2x^2+a_1x+a_0$에서 다음을 얻음을 뜻한다.

$$p(y+b)=a_2y^2+((a_1+a_2b)+a_2b)y+(a_0+(a_1+a_2b)b)$$

이를 "이상승하법以商乘下法 체증승지遞增乘之"라고 말하고 이를 증승개방법增乘開方法이라 하였다.

이 방법을 임의의 다항방정식에 적용하여 다항방정식의 근을 구하였다. 즉, $p(x)=a_nx^n+a_{n-1}x^{n-1}+\ldots+a_1x+a_0$에 대하여 $p(y+b)$를 다음과 같이 구한다.

$b_n=a_n,\ \ b_{n-1}=a_{n-1}+bb_n,\ \ b_{n-2}=a_{n-2}+bb_{n-1},\ \cdots,\ \ b_1=a_1+bb_2,$

$b_0=a_0+bb_1$이라 놓고, 마찬가지로 다음과 같이 정의한다.

$$c_{k-1}=b_{k-1}+bc_k,\ \ c_n=a_n,\ (k\geq 2)$$

$$d_{k-1}=c_{k-1}+bd_k,\ \ d_n=a_n,\ (k\geq 3)\ \cdots$$

그러면 다음을 얻는다. ↓은 위의 두 항을 더하는 것이고 ↗은 아래 항에 b를 곱하는 것을 의미한다.

$$
\begin{array}{cccccccccc}
a_n & a_{n-1} & & a_{n-2} & & . \ . \ . & a_1 & & a_0 & \\
 & ba_n & \downarrow & b(a_{n-1}+ba_n) & \downarrow & . \ . \ . & bb_2 & \downarrow & bb_1 & \downarrow \\
a_n & b_{n-1} & \nearrow & b_{n-2} & & . \ . \ . & b_1 & \nearrow & b_0 & \\
 & ba_n & \downarrow & b(b_{n-1}+ba_n) & \downarrow & . \ . \ . & bc_2 & \downarrow & & \\
a_n & c_{n-1} & \nearrow & c_{n-2} & & . \ . \ . & c_1 & & & \\
 & ba_n & \downarrow & b(c_{n-1}+ba_n) & \downarrow & . \ . \ . & & & & \\
a_n & d_{n-1} & \nearrow & d_{n-2} & \nearrow & . \ . \ . & & & & \\
. & . & & . & & & & & & \\
. & . & & . & & & & & &
\end{array}
$$

이 과정을 n번 시행하면 다음을 얻는다.

$$p(y+b) = a_n y^n + (a_{n-1} + nb) y^{n-1} + \ldots + d_2 y^2 + c_1 y + b_0,$$ 즉

$$p(x) = a_n (x-b)^n + (a_{n-1} + nb)(x-b)^{n-1} + \ldots + d_2 (x-b)^2 + c_1 (x-b) + b_0$$

따라서 이 방법은 현재 조립제법組立除法으로 알려진 방법에 의하여 구하는 것과 같다.

위의 방법이 증승개방법인데, 주세걸의 『산학계몽』의 개방석쇄문開方釋鎖問에서도 다루었다.

실제로 $b_0 = p(b)$이다. 이 과정은 루피니(Ruffini, 1765~1822)가 1804년에, 호너(Horner, 1786~1837)가 1819년에 발표하였으므로 루피니-호너 방법이라고 불러야 하지만, 현재 호너의 방법으로 알려져 있다. 그러나 이미 700여년 전에 중국 수학자들은 이를 사용하고 있었다.

진구소의 『수서구장』 제5권 첨전구적尖田求積 문제에 이 방법이 자세히 나와 있는데 이를 예로 들어 설명하자.

問有兩尖田一段 其尖長不等 兩大斜三十九步 兩小斜二十五步
中廣三十步 欲知其積幾何
荅曰 田積八百四十步

두 이등변삼각형이 길이가 30보인 밑변을 공유하고 나머지 변들의 길이가 각각 39보와 25보인 경우 두 삼각형의 넓이의 합을 구하는 문제로 술術에서 구하는 넓이 x는 방정식 $-x^4 + 763200x^2 - 40642560000 = 0$의 해가 되는 것을 설명하고, 초草는 이를 푸는 방법에 대한 설명을 하고 있는데, 이는 위의 제곱근을 푸는 방법으로 $x = 100a + 10b + c$ $(0 \le a, b, c \le 9)$로 놓고 그 자리수 a, b, c를 구하고 있다. 이 경우는 다음 제6권 환전삼적環田三積 문제에서 설명하기로 한다. 초에 이어 그는 정부개삼승방도正負開三乘方圖를 첨가하였는데 이는 자리수를 구하는 대신에 직접 $100a$, $10b$, c를 구하는 과정을 산대 표시로 자세하게 설명하고 있다. 그러나 산대 표시에서 산대를 옮겨놓아 자리수 계산을 하는 것으로 보아야 하지만, 옮겨 놓은 자리수를 무시하면 완전히 현재 우리가 사용하는 조립제법 형식으로 나타나 있다. 실제로 자리수만을 옮겨 놓는 것으로 보았다면 초상은 800대신에 8이어야 하고, 또 우隅 -1과 초상의 곱으로 -8

만 나타내면 될 것인데, -800으로 나타내고 그 다음 모든 단계에서도 800을 곱한 결과를 나타내고 있다. 정부개삼승방도를 현재 조립제법 형식으로 나타내면 다음과 같다.

−1	0	763200	0	−40642560000	(800
	−800	−640000	98560000	78848000000	
−1	−800	123200	98560000	38205440000	
	−800	−1280000	−925440000		
−1	−1600	−1156800	−826880000		
	−800	−1920000			
−1	−2400	−3076800			
	−800				
−1	−3200				

이 과정에서 초상初商(＝해의 가장 큰 자리수의 근사값)을 800으로 하여, 다음 10의 자리에 대한 근사값을 구하기 위한 방정식은

$$-y^4-3200y^3-3076800y^2-826880000y+38205440000=0$$

이 된다. 이때 근을 40으로 추정하여 다음과 같이 다시 조립제법을 써서

−1	−3200	−3076800	−826880000	38205440000	(40
	−40	−129600	−128256000	−38205440000	
−1	−3240	−3206400	−955136000	0	

에서 구하는 방정식의 근 $x=840$을 구하고 있다. 이 경우 흥미 있는 것은 실實의 부호는 정正으로 하고 $p(800)=38205440000$을 부실負實로 나타내고 각 계산에서 정, 부에 대한 표현이 부족하지만 현재 우리가 사용하고 있는 방법과 일치한다. 특히 실의 부호가 바뀌는 것에 대하여 환골換骨이라는 단어로 나타내고 이를 술術에서는 개번법삼승방득적開飜法三乘方得積, 즉 번법이 들어있는 4차방정식의 풀이에 의하여 답을 구할 수 있다고 하였다. 이는 조건을 만족하는 최종 결과가 항상 정正인 경우만 취급하다가 부負인 경우도 나타날 수 있다는 것에 대하여 주의를 주고

있는 것이다. 아직 정수正數와 부수負數를 사용은 하고 있지만 부수에 대한 거부감이 있음을 단적으로 보여 주는 대목인데, 이는 조선 산서에 계속하여 나타나고 있다. 그는 환골과 함께 투태投胎라는 개념을 도입하였는데, 이는 후에 익적益積으로 나타난다. 익적과 번적은 **[18]**, **[21]**, **[23]**에서 자세히 다룰 것이며, 투태는 **(41-1)**의 주 1)에서도 취급한다.

위의 예를 들면서, 우리는 환전삼적 문제에 대하여 언급하였는데 이 경우도 제곱근 형태의 자리수를 구하는 초草와 그 뒤에 바로 위에 들은 조립제법을 나타내는 도표를 첨가하였다. 자리수를 구하는 초를 설명하면 다음과 같다.

問環田大小圓田共三段環田外周三十步虛徑八步大圓田徑一十步
小圓田三十步 欲知三田積及環內周通實徑大圓周小圓徑各幾何
荅曰　環田積二十步二百三十六萬二千二百五十六分步之一百二十九萬八千二十五
通徑九步一十九分步之九 實徑一步一十九分步之九 內周二十五步一十七分步之五
大圓田積七十九步五十三分步之三 周三十一步二十一分步之十三
小圓田積七十一步二百八十六分步之四十三 徑九步一十九分步之九

여기서는 환전의 넓이 x에 대하여만 설명을 하기로 한다. 술術에서 x는 $-x^4+15245x^2-6262506.25=0$의 근이 되는 것을 설명하고 초草에서 아래와 같이 풀 수 있음을 설명하고 있다.

이 방정식의 해를 우선 $x=10a+b+r$ $(0 \leq a, b \leq 9,\ 0 \leq r < 1)$로 추정하는 것은 제곱근과 세제곱근을 구하는 경우와 같다. 진구소도 다른 수학자와 마찬가지로 항상 정正의 근만을 근이라고 생각하였으므로, a를 추정하기 위하여 $x=10x_1$로 치환하여

$$-10000x_1^4+1524500x_1^2-6262506.25=0$$

을 얻고, 이때 $a=2$로 추정하고, b를 추정하기 위하여 $x_1=y+2$로 치환하는데 여기에 증승개방법을 사용하여 다음과 같이 진행한다.

−10000	0	1524500	0	−6262506.25	(2
	−20000	−40000	2969000	5938000	
−10000	−20000	1484500	2969000	−324506.25	
	−20000	−80000	2809000		

-10000	-40000	1404500	5778000
	-20000	-120000	
-10000	-60000	1284500	
	-20000		
-10000	-80000		

이를 통하여 다음을 얻는다.

$$-10000y^4-80000y^3+1284500y^2+5778000y-324506.25=0$$

$10y=b$이므로 $10y=y_1$로 치환하는 것도 위의 개평방, 개입방의 경우와 같다. 따라서 다음 방정식에서 $b=0$을 추정한다.

$$-y_1^4-80y_1^3+12845y_1^2+577800y_1-324506.25=0$$

진구소는 그 다음 보간법을 사용하여 r을 구하여 방정식의 근의 근사값으로 $x=20\frac{1298025}{2362256}$을 구하였다.

보간법은 다음과 같다.

지금 다항식 $p(x)=a_nx^n+a_{n-1}x^{n-1}+\ldots+a_1x-b$에 대하여 다항방정식 $p(x)=0$의 근이 0과 1 사이에 있다고 가정하자.
두 점 $(0, p(0))$와 $(1, p(1))$, 즉 $(0, -b)$와 $(1, a_n+a_{n-1}+\ldots+a_1-b)$를 지나는 직선 $y=(a_n+a_{n-1}+\ldots+a_1)x-b$의 x절편, 즉 $y=0$의 해 $x=\frac{b}{a_n+a_{n-1}+\ldots+a_1}$를 $p(x)=0$의 해의 근사값으로 택하는 것이다.

이를 이용하여 $r=\frac{324506.25}{-1-80+12845+577800}=\frac{1298025}{2362256}$를 얻어낸 것이다.

3) 이 문장도『산학정의』의 중편 방정에서 인용한 것이다.

실의 수중에 법과 같은 종류가 있는 경우가 있다. <예를 들어, 은과 한 미지수를 묻는 문제에서 한 미지수는 당연히 은의 값을 말한다. 이때, 한 미지수와 은은 같은 종류라 한다> 따라서 반드시 정, 부의 이름을 세워주어야 하고 그들의 수(=절대값)는 같아야 한다. 그래서 정,

부의 이름은 서로 바꿀 수 있다. (즉, $a-b=0$과 $b-a=0$은 동치이다).
實數之中有與法同類者 <如二物之中一物幾何與銀幾何 當一物幾何之價云則 雖同是此 物而與彼銀同類也> 故不得不立正負之名而正負之數必相當 故正負之名可以互易

(5-1) 두 가지 물건에 대한 연립방정식은 두 물건을 법으로, 세 가지 물건에 대한 연립방정식은 세 가지 물건을 법으로 하고, 네 가지와 다섯 가지 물건에 대한 연립방정식도 모두 이와 같이 한다.

方程之二色者[1] 二物爲法 三色者[1] 三物爲法 四色[1] 五色[1]皆倣此

1) 연립방정식은 다른 방정식과 마찬가지로 항상 어떤 현상과 관계된 문제로 취급되고 그들을 미지수로 보는데, 미지수의 개수, 즉 이 경우 2원 연립방정식의 미지수의 계수를 법으로 보고 있다. 또 앞으로 이색방정을 2원 연립방정식으로 번역하듯이, 삼색, 사색, 오색 방정도 각각 3원, 4원, 5원 연립방정식으로 번역하기로 한다.

(5-2) 2차방정식의 풀이에는 염廉과 우隅 두 층을 법으로 하고, 3차방정식은 염, 우 세 층을 법으로 한다.
4차방정식과 5차방정식도 모두 이를 따른다. 그러므로 실實은 한 개이나 법은 여러 개라고 한다.

開方之平方 以廉隅二層爲法 立方以廉隅三層爲法[1]
三乘方 四乘方[2] 皆倣此 故曰一實而多法也

1) 위에서 언급한 대로 2차방정식과 3차방정식의 산대 표시는 각각 다음과 같이 나타내는 것을 뜻한다.

實	實
方(=廉)	方
隅 ,	廉
	隅

이 경우에도 저자는 개방지평방開方之平方을 2차방정식의 풀이로 이해하고 있다. 왜냐하면 제곱근을 구하는 방정식은 1차항이 없기 때문이다.

2)『사원옥감』에서 파스칼 삼각형을 나타내는 그림이 가장 앞에 고법칠승방도古法七乘方圖로 들어있는데, $(a+b)^n$에서 $n=2, 3, 4, 5, \cdots$를 차례로 평방적平方積, 입방적立方積, 3승적三乘積, 4승적四乘積, …으로 표시하였다. 이와 같이 3승방三乘方과 4승방四乘方은 각각 4차방정식과 5차방정식을 뜻한다.

(5-3) 여러 가지 법法 사이에 뺄셈이 있으면 수들의 부호는 섞인다. 예를 들면, 2원 연립 1차방정식에서 갑수 $(=x)$의 몇 배 $(=ax)$에서 을수 $(=y)$의 몇 배 $(=by)$를 빼고 그 차를 어떤 수 $(=c)$라 하자. 이때, 을수를 법의 자리에 놓고 차를 실로 하여 더하면 갑수가 되어야 한다. 그러므로 차 $(=c)$와 실은 같은 것이 되므로 반드시 정부를 주어 갑수와 을수는 부호를 달리 하여야 한다.

多法之中 有較[1] 數相混
如二色方程甲數幾倍内 減乙數幾倍 餘爲幾數
則乙數雖居法之位 與餘實相併 然後始與甲數等
故與餘幾數之實爲同類 必命以正負 以乙數別於甲數也[2]

1) 교較는 두 수 사이의 차, 즉 큰 수에서 작은 수를 빼는 것을 의미한다. 다음 **[6]**에서도 저자는 매문정梅文鼎(1633~1721)의 『방정론』方程論(1672)을 인용하고 있다. 그의 호는 물암勿庵인데, 『역산전서』歷算全書를 저술한 수학자이면서 천문학자이다. 그는 곽수경郭守敬(1231~1316)의 이론을 발전시킨 사람으로 구면삼각법의 창시자로 알려져 있다. 그의 집안은 많은 수학자를 배출하였는데, 그의 손자 매각성梅瑴成은 강희康熙 황제의 명에 따라 『수리정온』數理精蘊을 편찬하였다. 매문정은 많은 저서를 남겼는데 매각성이 이를 정리하여 『매씨총서집요』梅氏叢書輯要(1759)로 출판하였으며, 이 책에는 천문, 수학 저작 23종 60권이 들어 있는데, 이중에 『방정론』 6권도 포함되어 있다. 제1권의 정명正名에서 연립

1차방정식을 네 가지로 분류하여 다루었다.

名不正 則言不順 諸本方程 皆以二色三色四色等分款立法 而不分和較
宜其端緒糾紛而說之滋謬也 故先正其名
正名有四 一和數 二較數 三和較雜 四和較交變

이들 네 종류의 설명을 정리하면 다음과 같다.

(1) 화수방정和數方程 : 모든 방정식의 모든 계수의 부호가 다 일치하는 경우
(2) 교수방정較數方程 : 모든 방정식의 계수의 부호가 섞여 있는 경우
(3) 화교잡방정和較雜方程 : 방정식 중 모든 계수의 부호가 일치하는 경우와 그렇지 않은 경우가 섞여 있는 경우
(4) 화교교변방정和較交變方程 : 미지수를 소거하는 과정에서 화수방정이나 교수방정이 다른 쪽으로 바뀌는 경우

이 문장에서 교較는 위의 분류에 나타나는 것을 뜻한다.

교較가 사용된 다른 예로 『측원해경』과 『사원옥감』에서 직각삼각형의 세 변(구句 $=x$, 고股 $=y$, 현弦 $=z$)과 직각삼각형에 내접하는 원의 지름 (=황黃 또는 황방黃方 $=u$)으로 이루어진 네 개의 미지수를 포함하는 문제들을 다루고 있는데, 이들 문제에 여러 종류의 조건으로 나타나는 다음 정의를 인용한다.

현화화	고현화	구현화	구고화	현교화
弦和和	股弦和	句玄和	句股和	弦較和
$z+(x+y)$	$y+z$	$x+z$	$x+y$	$z+(y-x)$

현교교	현화교	구현교	고현교	구고교
弦較較	弦和較	句弦較	股弦較	句股較
$z-(y-x)$	$(x+y)-z$	$z-x$	$z-y$	$y-x$

윗줄의 5개 항 또는 그들의 합을 오화五和, 아래 줄의 5개 항 또는 그들의 합을 오교五較라 한다. 따라서 그들의 합을 나타낼 때는 오화$=2x+4y+4z$, 오교$=2z$이다. 또, 현화화는 삼상화三相和라고도 한다.

2) 주어진 조건을 식으로 나타내면 $ax-by=c$ ($a, b, c\geq 0$)인데 이를 다시 $ax=by+c$에서 얻어지는 것으로 이해하여, x와 y의 계수는 부호가 달라야 한다고 설명하고 있다. $B-A=B+(-A)$로 뺄셈을 정의할 수 있는 것과 부負의 기호와의 관계를 정확히 이해하지 못하고 있어서, 이를 설명하는데 저자는 어려움을 겪고 있는 것으로 보인다.

(5-4) 또 예를 들면, 직사각형의 넓이 ($=c$)와 두 변의 길이의 합 ($=b$)이 주어졌을 때, 넓이 ($=c$)는 실, 두 변의 길이의 합 ($=b$)은 종렴 (=1차항의 계수)이 되고, 1을 우隅 (=2차항의 계수)로 하는 방정식을 얻는다.
우隅인 1을 법의 자리에 놓으면, 1과 2차방정식의 근의 제곱을 곱한 것과 실을 합한 것이 종렴과 근을 곱한 것과 같아지므로, 실과 동류를 이루도록 반드시 정부를 주어 우隅 1과 1차항의 부호가 다르게 하여야 한다.

又如有長方積及長闊和 則長方積爲實 長闊和爲從廉[1] 一爲隅
一隅雖居法之位 以乘商數之冪 與實相併
然後始與從廉商數相乘之數等[1]
故爲與實同類 必命以正負 以一隅別於從廉也[1]

1) 제곱근을 구하는 문제는 정사각형의 넓이를 알고 한 변의 길이를 구하는 문제로 정의되고, 일반 2차방정식은 직사각형의 넓이를 알고 두 변의 길이를 구하는 문제로 정의되었다. 이 경우 두 변의 길이(긴 변을 장長, 짧은 변의 길이를 활闊이라 한다)의 합이나 그 차이가 주어져야만 두 변의 길이를 구할 수 있게 된다.

자세한 내용은 [18]에서 취급하고 여기서는 계수의 부호에 대한 것만 다루기로 한다.

이 경우 두 변의 길이를 각각 x,y로 하면 다음 그림에서

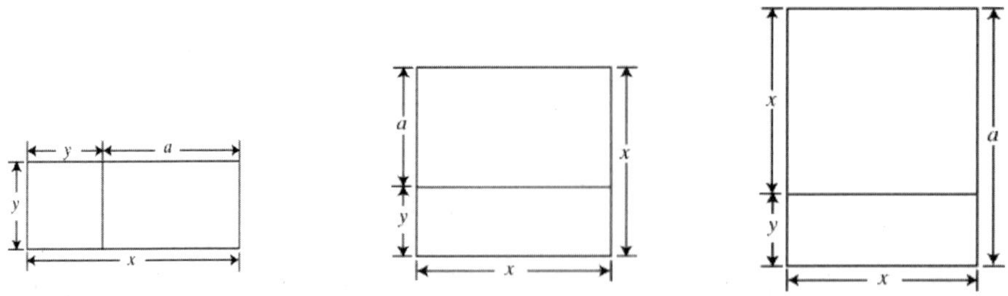

$y^2+ay=b$, $-y^2-ay+b=0$, $(x-y=a,\ xy=b)$

$x^2=ax+b$, $x^2-ax-b=0$, $(x-y=a,\ xy=b)$

$ax-x^2=b$, $-x^2+ax-b=0$, $(x+y=a,\ xy=b)$

그림에서 얻어지는 방정식의 부호는 명백하게 결정된다. 마지막 경우를 설명하면, $(x+y)x=x^2+xy$를 얻고 $x+y=a$, $xy=b$에서 방정식 $x^2+b=ax$를 얻는데, 거의 모든 산서에서 이들의 부호를 상관하지 않고 1을 우, a를 종렴으로 하는 방정식으로만 나타내고 있다. 다만 풀이 과정에서 2차항의 계수와 1차항의 계수가 다른 것으로 하고 있는데, 이에 대한 저자의 설명은 다시 위의 **(5-3)**의 주 2)에서와 같이 x^2을 이항하여 $-x^2+ax=b$에서 2차항과 1차항의 계수의 부호가 달라야 한다는 것을 설명하고 있다. 물론 근과 계수의 관계에서 바로 2차방정식 $x^2-ax+b=0$이 얻어지지만, 대수적인 계산에 약한 동양 산학은 이를 모두 기하적으로 얻어내고 있는 것에 유의하여야 한다.

초기 산서에서는 종렴從廉은 염廉의 부호가 정正인 것을 뜻하였는데, 후에 대부분의 산서에서 저자와 같이 일차항의 계수를 종렴從廉으로 쓰고 있다.

위의 방정식에 2차항의 계수와 1차항의 계수, 즉 방정식의 산대 표시에서 그들의 부호는 반드시 달라야 한다. 이 경우 모두 정正의 근(=직사각형의 변의 길이)만 생각하고 있으므로 저자가 이런 법칙을 만들었다. 따라서 일반적인 연립1차방정식과 2차방정식에는 해당되지 않는다.

[6] 실이 정이면 법은 부이고, 실이 부이면 법은 정이다.
여러 법 중에 실과 같은 종류가 있으면 실과 같은 부호를 붙여야 한다.
정과 부가 서로 같이 변하는 것은 나눗셈과 곱셈에서와 같다. 따라서 반드시 실수와 같아져야 하므로 부호는 결정되지 않지만, 그 수는 반드시 같아야 한다.

實正則法負 實負則法正[1)]
而法之中 與實同類者 必與實同名
其正負可以互變 而以商乘法
則必與實數等 故曰其號無定 而其數必相當也[2)]

1) 이 경우는 일차방정식 $ax+b=0$이 정正의 근을 가지는 경우로 생각하여 $a(=$법$)$와 $b(=$실$)$의 부호가 서로 반대임을 뜻한다. 따라서 일반적인 경우는 해당이 되지 않는다.

2) $ab=(-a)(-b)$, $\dfrac{a}{b}=\dfrac{-a}{-b}$와 같이, $ax+b=0$ ($a>0$, $b<0$)과 $(-a)x+(-b)=0$ ($-a<0$, $-b>0$)은 동치임을 뜻한다.

(6-1) 법과 실은 항상 서로 다른 부호를 가져야 하므로, 실이 정이면 법은 부이고 실이 부이면 법은 정이다.
법 중에서 실과 동류인 것이 있으면 반드시 실의 정, 부에 따라서 법의 정, 부는 구별되어야 한다.

法實恒爲異名 故實正則法負 實負則法正
而法之中 與實同類者 必從實之正負 而別於法也

(6-2) 정과 부는 피차를 구별함에 따라 같고 다름이 결정되므로, 한 쪽이 정이면 나머지 쪽은 부가 된다.
또 한 쪽이 부이면 나머지 쪽은 정이 되어야 아무 변화가 없으므로, 그들은 같이 변해야 하고 혼자 변하는 것은 허락하지 않는다.
만약 부가 정으로 변하고 정은 부로 변하지 않거나

정은 부로 변하고 부는 정으로 변하지 않거나,
혹은 두 개의 정 가운데 다만 하나의 정만 변하거나,
두 개의 부 가운데 하나의 부만 변하면,
상당이 이루어지지 않으므로, 모든 계산이 잘못된다.

正負所以辨彼此 而別異同 則此正而彼負者
不害爲此負而彼正 故可以互變 然不可獨變
若變負爲正 而不變正爲負
或變正爲負 而不變負爲正
或兩正之中 只變一正
或兩負之中 只變一負 則正負之數 不能相當[1] 故皆爲錯算也

1) $ax+b=0$에서 $(-a)x+b=0$, $ax-b=0$은 성립하지 않는다.

(6-3) 상商이란 서로 추정하여 구한 수이다.
상을 구하기 전에는 그 수의 정과 부를 알 수 없으나, 내포하고 있는 것은 자연히 상당에 의하여 결정된다.

商[1]者 商得所求之數也
商得之前 雖不能知其數正負 所函則默自相當焉

1) 앞에서도 설명하였지만 상商이란 나눗셈의 몫을 포함한 방정식의 해를 의미한다.

(6-4) (매문정의) 『방정론』에서 화교잡和較雜 방정식의 예를 들어보자.
만약에 강선江船과 호선湖船 두 종류의 배가 있어,
적재량을 알 수 없다고 하자.
강선 5척의 적재량에서 호선 1척의 적재량을 빼면,
강선의 적재량이 2800석이 많고,
강선 3척과 호선 5척이 함께 실을 수 있는 것이 2800석이라면,
강선과 호선 각각의 적재량은 얼마인가?

답은 강선은 600석이고 호선은 200석이다.
따라서 강선 5척은 3000석, 호선 1척은 200석이다.
그러므로 강선 5척은 정, 호선 1척과 2800석은 부로 놓으면,
그 식의 정과 부의 값이 같다.
이것이 바로 매물암이 말하는 교수較數 방정식이다.
또 강선 3척은 1800석을 싣고, 호선 5척은 1000석을 싣는다.
그러므로 강선 3척 및 호선 5척은 정, 2800석은 부로 주면,
이 식의 정과 부의 값이 역시 같다.
이것이 바로 매물암이 말하는 화수和數 방정식이다.

如方程論和較相褋方程例曰
假如有江湖兩色船載物不知其數
但云江船五 以較湖船一 則江船多二千八百石[1)]
江船三 湖船五 則共載二千八百石[2)]
問船力若干 答曰 江船六百石 湖船二百石
是江船五隻載三千石 而湖船一隻載二百石
故江船五隻 正 湖船一隻 及二千八百石 俱負[3)]
其正負之數適等[4)] 此梅勿庵所謂較數方程也
又江船三隻載一千八百石 湖船五隻載一千石[5)]
故江船三隻及湖船五隻 俱正 二千八百石負[6)]
其正負之數 亦適等[7)] 此梅勿庵所謂和數方程也

1), 2) 강선의 적재량을 x, 호선의 적재량을 y라 하면 각각 다음과 같다.

$5x-y=2800 \quad ...\ \text{(i)}$

$3x+5y=2800 \quad ...\ \text{(ii)}$

3), 4) $5x-y-2800=0$에서 호선 y의 계수와 2800석은 모두 부負가 되고, 또 이는 $5x=y+2800$을 뜻한다. 즉 부호는 서로 다르고 절대값은 같은 정부상당식으로 이해하고 있는데, 이 사실을 $x=600$, $y=200$을 알고 나서 부호를 붙이는 것으로 설명하고 있다.
앞에서 언급한 대로 $a-b=a+(-b)$를 정확히 이해하지 못하기 때문이

다. 이 경우 i), ii)식을 가지고 x, y를 풀었으나 정확한 설명은 아니다.

5), 6) 위의 3), 4)와 같이 $3x=1800$, $5y=1000$을 알고 식 ii), 즉 $3x+5y-2800=0$을 설명하고 있다.

7) $3x+5y-2800=0$과 $3x+5y=2800$이 동치인 것을 뜻한다.

(6-5) 매물암은 전식에서 2800석을 강선과 같이 정으로 하고 후식에서는 더하는 것으로 보아 정, 부의 부호를 사용하지 않았다. 만일 그렇게 하였다면, 정과 부는 상당을 이루지 않는데 무엇을 기준으로 할까? 더욱이 순전히 덧셈으로 얻어지는 수만 사용하는 것은 영뉵과 같은 법에서와 같이 정부를 사용하지 않아도 괜찮으나 교수가 섞여 있는 경우(=화교잡和較雜 방정식)에 어떻게 정, 부를 사용하지 않을 수 있겠는가.

梅勿庵以前數之二千八百石 從江船之正
號後數以和數 故不用正負之號[1)]
然則正負無相當之率 何以爲準
且純用和數者 如盈朒等諸法 不用正負之號 可也
與較數相襍 則正負之號 何可不用也[2)]

1) 매문정의 『방정론』에서 위의 (6-4)의 문제에 대하여 답까지 기술한 후에 다음 문장이 나온다. 매문정의 『방정론』은 산대를 사용하지 않는다.

法以一和一較列位
右江船 正 五 得正一十五 湖船 負 得負 三 正二千八百 得正八千四百
併二十八 減餘五千六百
左江船 三 得正一十五 湖船 五 得二十五 共二千八百 得正一萬四千
如法左右徧乘得數
江船同減盡 湖船異併二十八爲法 載物同減 餘五千六百石爲實
法除實得二百石爲湖船數
以湖船數加右行異名正二千八百 共三千石 以右江船五除之

得江船數六百石
或以湖船五共一千石 同減左行二千八百石 餘一千八百石
以左江船三除之 亦得六百石

매문정은 주어진 조건에서 좌식과 우식, 즉

$$5x-y=2800 \quad ...\ (i)$$

$$3x+5y=2800 \quad ...\ (ii)$$

을 구한 후 (ii) ×5 −(i) ×3에서 세 번째 줄

$$28y=5600$$

을 얻어 y를 구하고 또 이를 (i)식 혹은 (ii)식에 대입하여 x를 구하고 있는데, 저자는 우식을 전수前數, 좌식을 후수後數로 설명하고 있다.

2) 위의 좌식(=(ii))에서 우식처럼 정과 부를 나타내지 않았다고 하는데, 거의 모든 산서에서 정正은 특별한 표시를 하지 않고 또 (ii) ×5 −(i) ×3의 과정을 설명하면서 (ii) ×5를 나타내는데
左江船 三“得正一十五” 湖船 五“得二十五”共二千八百“得正一萬四千”
따옴표 안의 문장에서 좌식의 계수가 모두 정正인 것으로 하고 계산하고 있음을 나타내고 있는데, 이에 대한 언급을 한 것은 저자가 지나치게 정, 부에 대하여 집착하고 있음을 보인다. 다음 **(6-6)**을 참조하라.

(6-6) 지금 호선의 적재량 (= y)를 구하는데 강선 5척을 정, 호선 1척과 적재량 2800석을 부로 하고 이를 우식으로 늘어놓는다.
강선 3척과 호선 5척을 정으로, 적재량 2800석을 부로 하여 좌식으로 늘어놓는다.
제일 윗자리의 수를 서로 곱하면, 오른쪽 행은 강선 정 15척, 호선 부 3척 적재량 부 8400석이 된다.
왼쪽 행은 강선 정 15척 호선 정 25척, 적재량 부 14000석이 된다.
오른쪽 행을 왼쪽 행에서 빼면 강선은 없어지고 호선은 서로 더하여 정正 28척을 얻고, 적재량은 빼서 부負 5600석을 얻는다.
위의 자리를 법, 아래 자리를 실로 하여 나누어 200석을 얻는다.
매씨의 법에 따르면 호선 28척과 적재량 5600석 모두 정이 되어 어떻게 법과 실이 같은 부호를 가질 수 있겠는가?

今求湖船所載 則江船五隻正 湖船一隻 載物二千八百石 俱負 列於右
江船三隻 湖船五隻 俱正 載物二千八百石負 列於左
乃以首位互乘 右行得江船十五隻正 湖船三隻 載物八千四百石 俱負
左行得江船十五隻 湖船二十五隻 俱正 載物一萬四千石 負
以右行消左行 則江船減盡 湖船異加 得二十八隻 正
載物同減 得五千六百石 負[1)]
上法下實 除得二百石[2)]
而以梅氏之法御之 則湖船二十八隻 及載物五千六百石 俱爲正
安有法實同名之理也[3)]

1) 저자는『구장산술』에서 연립방정식의 계수 행렬 표시 방법과 달리 연립방정식을 모두 다음과 같이 놓았다.

$$5x-y-2800=0$$
$$3x+5y-2800=0$$

즉, 저자는 철저하게 방정식을 정부상당식, 즉 $p(x)=0$의 형태로만 표시하기로 하고 있다.

그리고 다음과 같이 행렬로 표시하여 소거하였다.

$$\begin{pmatrix} 3 & 5 \\ 5 & -1 \\ -2800 & -2800 \end{pmatrix} \rightarrow \begin{pmatrix} 15 & 15 \\ 25 & -3 \\ -14000 & -8400 \end{pmatrix} \rightarrow \begin{pmatrix} 0 & 15 \\ 28 & -3 \\ -5600 & -8400 \end{pmatrix}$$

2) $ax+b=0$에서 $x=\dfrac{b}{-a}\left(=\dfrac{-b}{a}\right)$를 적용하고, 따라서 $28y-5600=0$에서 $y=200$을 얻는 것을 뜻한다.

3) $28y=5600$으로 생각하는 것, 즉 실을 5600, 법을 28로 하여 나누어 $y=200$을 구하는 것을 반드시 $28y-5600=0$으로 생각하여 법을 28, 실을 -5600으로 하여 위의 2)의 공식 $x=\dfrac{b}{-a}\left(=\dfrac{-b}{a}\right)$를 적용시킴으로써 혼동이 일어나고 있다.

(6-7) 또 강선의 적재량을 먼저 구하려면 호선 1척은 부로, 강선 5척은 정, 적재량 2800석을 부로 하여 우행으로 늘어놓고, 호선 5척, 강선 3척 모두 정으로, 적재량 2800석은 부로 하여 좌행으로 늘어놓는다.
제일 윗자리 수를 서로 곱하여 오른쪽 행은 호선 부 5척, 강선 정 25척 적재량 부 14000석으로 되고, 왼쪽 행은 수는 변하지 않고 정, 부는 모두 바뀐다.
왜냐하면 오른쪽 행의 제일 윗자리 수는 호선 부 일 척이고 이를 곱하면 수들은 여전히 변하지 않고 호선 및 강선의 정에 부를 곱하였으므로 부로 변하고 적재량의 부에 부를 곱하였으므로 정으로 변한다.
따라서 서로 곱할 때 그 수를 정리할 뿐더러 정, 부도 정리해야 한다.

且先求江船所載 則湖船一隻 負 江船五隻 正 載物二千八百石 負 列於右
湖船五隻 江船三隻 俱正 載物二千八百石 負 列於左
乃以首位互乘 右行得湖船五隻 負 江船二十五隻 正 載物一萬四千石 負
左行得數不變 而正負悉變
何者 以右行首位湖船一隻 負 乘之 故數仍不動
而湖船及江船 正負相乘 而變爲負
載物兩負 相乘而變爲正[1)]
故凡互乘者 不但齊[2)]其數 亦所以齊其正負也

1) 저자의 풀이를 행렬로 표시하면 다음과 같다.

$$\begin{pmatrix} 5 & -1 \\ 3 & 5 \\ -2800 & -2800 \end{pmatrix} \rightarrow \begin{pmatrix} -5 & -5 \\ -3 & 25 \\ 2800 & -14000 \end{pmatrix} \rightarrow \begin{pmatrix} -5 & 0 \\ -3 & 28 \\ 2800 & -16800 \end{pmatrix}$$

2) 중국의 산학에서 제齊라는 단어는 매우 중요한 것으로 여러 가지 의미로 쓰이고 있다. 제일 먼저 『구장산술』九章算術의 제1권 방전方田에서 분수의 계산에 통분하는 과정에 나타난다. 즉, 제5문과 제6문에서 약분하는 방법을 설명한다. 이때, 유클리드 알고리즘을 사용하여 분자와 분모의 최대 공약수를 구하여 약분한다. 그리고 제7문~제9문은 두 분수의 합에 관한 것으로 당연히 분모가 다른 경우에 통분을 하는데, 이에 대한 유휘의 주를 보자. "분모가 서로 다른 것들을 곱하는 것이 통通(=통분)

이고 통분이 되면 더할 수 있다. 일반으로 두 분수의 분모와 분자를 서로 엇갈려 곱하는 것을 제齊라 한다. 여러 분모를 서로 곱하는 것을 동同이라 하고 동은 같은 분모로 통분하는 것이다. 제齊란 이 과정에서 분모와 함께 분자를 정리하는 것을 뜻한다. 그래야 원래 주어진 수를 유지하게 된다"

"乘而散之 所以通之 通之則可幷也 凡母互乘子爲之齊 羣母相乘爲之同 同者相與通同共 一母也 齊者子與母齊 勢不可實本數也"

즉, 두 분수 $\frac{a}{b}$, $\frac{c}{d}$에서 $\frac{ad}{bd}$, $\frac{bc}{bd}$로 치환하는 과정에서 분모를 통분하는 것을 통通, 분자를 ad, bc로 바꾸는 과정이 제齊이다.

이와 같은 의미에서 제齊를 이 문장에서 "정리한다"로 번역하였다.

(6-8) 좌우행을 서로 뺀다는 것은 비록 서로 다른 부호이면 빼고 같은 부호이면 더하라고 하였으나 실實은 같은 부호는 빼고 다른 부호이면 더하라는 것이다.

그것을 논하여 보자. 만약 바로 다른 부호로 빼는 것은 결국은 같은 부호로 바뀌어 덧셈법과 일치하지 않는다.

그러므로 법을 바꾸어 제일 윗자리를 같은 수로 바꾸어 다른 부호를 없게 하여 그들을 뺀다.

따라서 뺀다는 것은 같은 부호일 때로, 더하는 것은 서로 다른 부호일 때로 하면 그 법은 제대로 된다.

또 제일 윗자리가 서로 다른 부호이면 반드시 한 행을 바꾸는데 정, 부를 서로 바꾸고 나서 같은 부호는 빼고 다른 부호는 더하는 것, 이들 모두가 자연스러운 법칙이다.

是以其左右對減者 雖曰異減同加[1] 實亦同減異加也
其論曰 若徑以異名而減 則勢必同名 而倂法不畫一
故以法變之 使首位之同數者 無不同名 而仍爲同名相減焉
則凡減者 皆同名 凡倂者 皆異名 而其法畫一矣
又曰首位異名 須變一行 以相從 正負互變 同減異加 皆有自然之理[2]

1) 이감동가異減同加는 정부술에서 덧셈을 의미한다. 따라서 이 문장

은 위의 예의 경우에 좌행+(우행×5)를 뜻하는 것을 저자가 착각하고 있는 것 같다. 즉 다음과 같이 소거시킬 수 있음을 뜻하는 것으로 추정된다.

$$\begin{pmatrix} 5 & -1 \\ 3 & 5 \\ -2800 & -2800 \end{pmatrix} \rightarrow \begin{pmatrix} 5 & -5 \\ 3 & 25 \\ -2800 & -14000 \end{pmatrix} \rightarrow \begin{pmatrix} 5 & 0 \\ 3 & 28 \\ -2800 & -16800 \end{pmatrix}$$

또 다른 해석으로는 "대감자對減者"를 두 방정식에서 한 미지수를 소거하는 과정으로 보고 위와 같이 덧셈을 통하여 소거하는 과정에서 『구장산술』 형태의 상수항 표시 방법에서는 정부상당식 형태로 표시하기 위하여 상수항을 이항하면 부호가 바뀌어 두 식을 더할 때 "실역동감이가 實亦同減異加"가 됨을 뜻할 수도 있다.

2) 저자는 위에서 소거하는 방법을 택하고 있다.

(6-9) 하필 법을 바꾸고 그것에 따라야 한다고 하였을까?
다시 그것을 논하여 보자.
화교잡 방정식의 경우는 각 행에 따로 곱한 후에
교수 방정식의 행에 있는 수들은 그 정, 부를 그대로 따르고,
화수 방정식 행들에 있는 수들은 승법에 따라서 그 부호를 모두 바꾸어야 한다.
한 풀이 중에 어떤 행은 정, 부를 그대로 따르고 다른 행은 승법에 따라 그 정, 부를 정하는 것을 어찌 제대로 된 법이라 하겠느냐?
처음 들어갈 때 옛날 정, 부의 법칙을 제대로 연구하지 않고 서법을 공부하여 억지를 부리는 일이 무섭다.

何必曰 以法變之 以相從乎
又其論曰 和較雜者 徧乘得數後
在較數行中者 仍其正負之名
在和數行中者 皆變從乘法之名[1)]
一術之中 或從本行正負之名
或從它行乘法之名者 豈其畫一之法耶[2)]

恐其入手之初 習於西法[3] 未嘗深究於古算正負之理 故如是牽强也

1) 위의 **(6-7)**의 주 1)을 뜻함

2) **(6-8)**의 주 1)에서 설명한 대로 한 미지수를 소거하기 위하여 두 식을 더할 수도 있는데 이를 빼는 것만으로 생각하여 생긴 오해이다.

3) 16세기말부터 17세기초에 이르러 예수회 신부 리치(Ricci, 1552~1610)부터 시작하여 서구 수학이 중국에 전파되어 이들의 영향을 받은 수학을 뜻함.

(6-10) 또 『측원해경』의 정율 제14문의 초를 예로 들자.
방정식 $96000-680x-x^2=0$**을**
법에 따라 풀어 반경 120을 얻는다.
반경의 제곱과 천원의 제곱의 부負의 곱으로 14400을 얻고
또 반경과 천원의 부負 680을 곱하여 81600을 얻는다.
이들을 더하여 부負수 96000을 얻어 정의 실과 같게 한다.
매물암의 『소광습유』少廣拾遺에서 정부상당 법칙에 대하여 전혀 언급이 없는 것과 같이 역시 모자라는 것 같다.

又如 測圓海鏡 正率第十四問草[1] 96000
−680
−1

如法開之得半徑一百二十
以半徑冪乘負天元冪一 得一萬四千四百
又以半徑乘負天元六百八十 得八萬一千六百
併之爲負數九萬六千 與正實適等也[2]
梅勿庵 少廣拾遺[3] 全無論及 於正負相當之理者 亦似未盡也

1) 이야李冶의 『측원해경』(1248)은 중국의 산학, 특히 대수학 방면에 관하여 『수서구장』(1247)과 『사원옥감』과 함께 역사적으로 가장 중요한 저서로 꼽힌다. 천원술을 이용하여 방정식을 구성하고, 진구소의 『수서구

장』과 함께 0을 최초로 사용한 저서이다. 또 0의 개념을 이용하여 등식의 성질을 이해하고 있어서 현상의 수학화(방정식의 구성)를 이루었다. 또 소수를 나타내는 방법으로 0.23을 0‖≡으로, 5.43의 경우는 5 밑에 보步자를 첨가하여 표시하였다. 또 『수서구장』에서는 소수 표시에서 실의 경우 정수 자리 아래에 실實자를 첨가하여 나타내었다.

지금 인용되고 있는 제14문을 위하여 아래 **그림 3**이 필요하다. 그는 이 그림을 원성도식圓城圖式이라고 하였다.

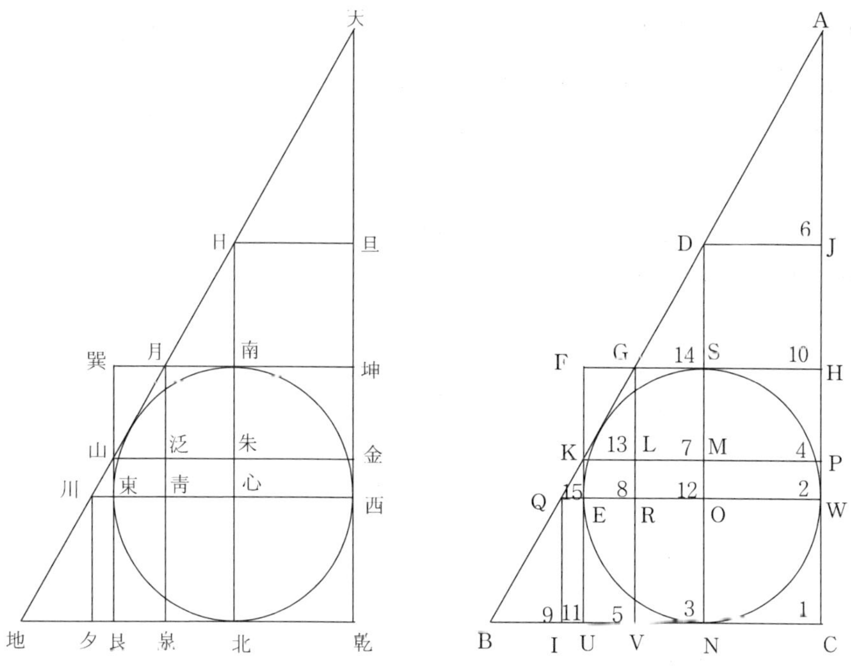

그림 3

그림을 설명하면, 삼각형 ABC는 직각삼각형이고 원 O는 이 삼각형의 내접원이다. W는 접점이고 ON과 OW는 수직이다. 그 나머지는 그림에서 명백하다. 이때, 그는 A(=천天) B(=지地), C(=건乾, 1), E(=동東, 15) W(=서西, 2), N(=북北, 3) S(=남南, 14), D(=일日), G(=월月), K(=산山), Q(=천川), V(=천泉, 5), I(=석夕, 9), J(=단旦, 6), O(=심

心, 12), M(=주朱, 7), R(=청靑, 8), P(=금金, 4), L(=범泛, 13), H(=곤坤, 10), F(=손巽), U(=간艮, 11) 등의 문자를 써서 점을 나타내었는데 이 또한 중국 수학사상 유례없는 일로 일반화의 형태를 택하고 있다. 우리는 위의 점들에 숫자를 부여하였는데, 이는 그 점을 시작으로 직각삼각형을 구성하고자 한다. 즉 삼각형 ABC를 제1삼각형, 또 삼각형 WQA를 제2삼각형, …, 삼각형 EKQ를 제15삼각형이라 하고, 이때 제 k삼각형의 구句를 a_k, 고股를 b_k, 현弦을 c_k라 하고 내접원의 지름을 d라 하자. 『측원해경』의 모든 문제는 이들 사이의 관계를 이용하여 d를 구하는 것이다. 항상 답은 $d=240$으로 문제의 총수는 170개이다. 대단히 집요하게 직각삼각형과 그 내접원 사이의 관계를 연구한 것을 알 수 있다. 위의 그림에서 원 O는 원 모양의 성, 즉 원성圓城이고 점 동東, 서西, 남南, 북北은 4개의 대문을 나타내는 것으로 문제를 구성하고 있다.

『측원해경』은 모두 12권으로 되어 있는데 먼저 제1권에서 위의 a_k, b_k, c_k와 d 사이의 관계식을 증명 없이 들고 있다. 이들을 이용하여 그는 방정식을 구성하였다. 중요한 것들을 들면 다음과 같다. 이중에 처음 9개의 공식은 구용공식九容公式으로 알려져 있다.

1) $d=\dfrac{2a_1b_1}{a_1+b_1+c_1}$ 구고용원 句股容圓

2) $d=\dfrac{2a_2b_2}{b_2+c_2}$ 구상용원 句上容圓

3) $d=\dfrac{2a_3b_3}{a_3+c_3}$ 고상용원 股上容圓

4) $d=\dfrac{2a_{12}b_{12}}{c_{12}}$ 구고상용원 句股上容圓

5) $d=\dfrac{2a_{10}b_{10}}{c_{10}+(b_{10}-a_{10})}$ 구외용원 句外容圓

6) $d=\dfrac{2a_{11}b_{11}}{c_{11}-(b_{11}-a_{11})}$ 고외용원 股外容圓

7) $d=\dfrac{2a_{13}b_{13}}{(a_{13}+b_{13})-c_{13}}$ 현외용원 弦外容圓

8) $d = \dfrac{2a_{14}b_{14}}{c_{14} - a_{14}}$ 구외용반句外容半

9) $d = \dfrac{2a_{15}b_{15}}{c_{15} - b_{15}}$ 고외용밥股外容半

10) $\frac{1}{2}d^2 = (c_1 - a_1)(c_1 - b_1)$ 또는 $\frac{1}{2}d^2 = b_{10}a_{11}$

11) $\frac{1}{2}d^2 = a_{10}b_{11}$

12) $\frac{1}{2}d^2 = a_{13}b_1$

13) $\frac{1}{2}d^2 = b_{13}a_1$

14) $\frac{1}{2}d^2 = b_4a_5$

15) $r^2 = b_2b_{15}$

16) $r^2 = a_{14}a_3$

17) $r^2 = b_7a_8$

18) $r^2 = (c_{14} + b_{14})(c_{15} + a_{15})$

19) $r^2 = (c_{14} + a_{14})(c_{15} + b_{15})$ [15)~19)에서 r은 반지름]

20) $c_6 = b_{12}$; $a_{12} = c_9$; $b_{12} = c_7$; $a_{12} = c_8$

21) $a_1 + b_1 = c_1 + d$; $c_1 - a_1 = b_1 - d$; $c_1 - b_1 = a_1 - d$

다시 제2권 정율正率 문 14로 돌아가 보자.

또 묻기를 갑이 서문에서 남쪽으로 480보 가면 나무가 있고 을이 북문에서 동쪽으로 200보를 가면 그 나무를 볼 수 있다.
문, 답은 전과 같다[a].
或問 出西問南行四百八十步 有樹 出北問東行二百步 見之 問答 同前

a) 위의 원성도圓城圖에서 갑甲과 을乙 두 사람이 각각 두 문을 떠나 위의 조건을 만족할 때 원성의 지름을 구하는 것이 문제이고 그 답은 전술한 대로 240이다.

법으로는 두 사람이 걸은 보수를 곱한 것을 실, 서로 더한 것을 1차항의 계수로, 1을 2차항의 계수로 하는 방정식을 풀면 반지름을 얻는다.
法曰 以二行步相乘爲實[a)] 二行步相幷爲從 一步常法 得半經

a) 이 경우에 방정식은 $x^2+680x-96000=0$이 되어야 하는데 실實에 대한 부호를 위에서 언급한 대로 정확하게 지정하지 않고 있다.

초를 말하면 반지름을 천원일($=x$)로 놓고 남쪽으로 간 보수에서 천원 반경을 빼면 식 $480-x$를 얻고 이를 고원차라 하자.
또 을이 동쪽으로 간 보수에서 천원을 빼서 식 $200-x$를 얻고 이를 구원차라 하자. 구원차와 고원차를 곱하여 식 $x^2-680x+96000$을 얻고 이는 황방(=지름)의 제곱의 반이 되고, 또 이는 성멱의 반이 된다.
또 천원의 제곱의 배를 하면 식 $2x^2$을 얻는다. 황방의 제곱의 반을 좌변으로 하고 상쇄하면 식 $-x^2-680x+96000(=0)$을 얻고 이를 법에 따라 풀면 반경을 얻는다.

草曰 立天元一爲半徑 置南行步在地內 減天元半徑 得 -1元[b)] 480 爲股圓差

又置乙東行步在地內 減天元 得下式 -1元 200 爲句圓差

以句圓差增乘股圓差 得 1 / -680元 / 96000 爲半段黃方冪卽城冪之半也

又天元冪以倍之 得 2 / 0元 亦爲半段黃方冪左相消[c)] 得 -1 / -680元 / 96000 [d)]

如法開之得半經 合問

b) 『측원해경』에서는 상수항을 제일 아래에 두고 위로 1차항, 2차항의 계수를 차례로 늘어놓고 있다. 또 이를 정확히 나타내기 위하여 x항의 계수 옆에 원元자를 첨가하였다.

c) 두 식이 등호로 연결되어 이항하여 정리하는 방법으로 천원술로 표시된 두 식을 차수에 따라 차례로 늘어놓고 대응되는 항을 빼면 그 것이 바로 이항에 해당된다. 따라서 상소相消를 "상소즉상감相消卽相減"으로 『측원해경』에 주註를 단 이예李銳(1768~1817)가 자세하게 설명을 첨가하고 이는 유럽에서 전파된 차근법借根法과 일치한다고 제14문의 끝에 적어 놓았다. 또 이 주에서 두 식의 뺄셈뿐만 아니라 덧셈과 곱셈 및 천원일의 멱에 의한 나눗셈도 설명하고 있다.

앞으로 상소相消는 상쇄로 번역하기로 한다.

d) 위의 원성도에서 WA=480, NB=200이고 WH=NU= x이므로 AH= $480-x$(=股圓差= b_{10}), BU= $200-x$(=句圓差= a_{11})이다.

한편, 제11삼각형과 제10삼각형은 닮은 삼각형이므로, $a_{11}b_{10}=a_{10}b_{11}=a_{10}b_{11}$이고 위의 공식 12)에 의하여 $a_{10}b_{11}=\frac{1}{2}d^2=2x^2$이다. 따라서 $2x^2=(480-x)(200-x)$이고 이를 정리하면 $-x^2-680x+96000=0$을 얻는다. 이 방정식을 풀면 $x=120$, 800을 얻고, $x<480$이므로 $x=120$이다. 저자의 $x=800$에 대한 언급은 전혀 없다.

또 식별법을 써서 2행 즉 대현을 얻는다. 반경을 천원일(= x)로 놓고 남쪽으로 간 보행수와 천원일을 더하여 $480+x$를 얻고 이는 대고가 된다.

또 을이 동쪽으로 간 보행수와 천원일을 더하여 $200+x$를 얻고 이는 대구가 된다.

이들을 곱하여 식 $96000+680x+x^2$을 얻고 이는 대직적이 된다.

이를 천원으로 나누어 식 $96000x^{-1}+680+x$를 얻고 이는 삼사합이 된다.

그 후 두 사람이 걸은 보행수의 합과 대구와 대고를 합하여 식 $1360+2x$를 얻고 이를 좌변에 두고 상쇄하면 $96000x^{-1}-680-x(=0)$을 얻고 이를 풀면 120보를 얻고 이를 두 배하여 지름을 구한다.

又法識別[a)]得二行卽大弦也 立天元一爲半徑 置甲南行步加天元一 得

1元 爲大股[b)]

480

又置乙東行步加天元得 1元 爲大句[b)]也 句股相得 1 爲一

200 680元

96000

个大直積[b)]

以天元除之得下式 1元[c)] 爲三事和[b)]也 然後幷二行步又幷入句股

680

96000

其得 2元

1360

爲同數與左相消得 −1元[d)] 以平方開之得一百二十步 倍之得全經

−680

96000

也 合問

a)『측원해경』의 1권의 뒷부분은 원성도식의 각 삼각형들과 내접원의 반지름에 대하여 692개의 공식(=정리)을 식별잡기識別雜記라는 제목으로 모아 놓았다.

b) 이야李冶는 위의 원성도식에서 만들어지는 삼각형들에 이름을 붙였는데 제1삼각형 ABC를 통구고형通句股形 혹은 대구고형大句股形이라 하고, 이때 세 변을 대구大句, 대고大股, 대현大弦 등으로 불렀다. 따라서 $200+x=a_1$, $480+x=b_1$이 된다. 또 구句, 고股, 현弦의 합을 삼사화三事和라 하였다.

c) 전술한 대로 초기 천원술에서는 문자가 한 개인 식에서 문자의 음의 제곱을 지원地元이라 하고 상수항을 중심으로 아래위로 배열하였다. 그러나 이야李冶는 지원을 빼고 상수항 아래의 산대를 문자의 음의 제곱을 나타내는 것으로 하였다.

또 x는 내접원의 반지름이므로 위의 공식 1)에 의하여

$x(a_1+b_1+c_1)=a_1b_1$이 되어 식이 삼사화가 된다.

d) $c_1=(a_1-x)+(b_1-x)$는 두 사람이 걸은 보행수의 합이므로 주어진 식을 얻는다.

2) 저자 이상혁의 해설로 다시 돌아 와서, 그는 위의 두 방법 모두 다음 방정식을 풀었는데 이를 검산하고 있다.

$$-x^2-680x+96000=0.$$

또, $a+b=0 \Leftrightarrow a=-b$로 설명하여 $-x^2-680x=-96000$과 실實 96000은 부호는 다르고 절대값은 같음을 보이고 있다.

위의 1)에서 자세히 설명한 대로 저자의 문장은 『측원해경』의 초草는 아니다.

3) **[5]**의 주 2)에서 설명한대로 『구장산술』의 소광少廣에서 제곱근과 세제곱근을 구하는 방법을 정사각형의 넓이와 정육면체의 부피를 통하여 설명하였다. 네제곱근 이상은 이와 같이 설명할 수 없지만 매문정은 개방구염율작법본원도開方求廉率作法本原圖라고 한 Pascal 삼각형을 이용하여 근을 구하였다. 즉 a의 n제곱근을 구하는데 초상을 x_1, 차상을 x_2라 하면 $(x_1+x_2)^n=a$를 Pascal 삼각형의 양 쪽 변을 제거한 삼각형인 염률입성廉律立成을 통하여 x_2에 대한 방정식의 계수를 쉽게 구할 수 있었다. 매문정은 13제곱근까지 구하는 예를 들고 이를 『동문산지』同文算指(1613)와 『서경록』西鏡錄(명말明末 에서 청초淸初 사이에 출판)에 들어 있는 필산을 사용하여 제곱근들을 구하고, 또 지수법칙 $(x^m)^n=x^{mn}$을 이용하여 그 이상의 제곱근도 구한다. 이를 정리한 책이 『소광습유』少廣拾遺(1692)이다. $x^n=a$를 푸는 문제를 $x^n-a=0$로 이해하지 않은 것은 사실이지만, 연립 1차방정식의 경우와 같이 전통적인 방법으로 생각하면 저자 이상혁이 지나치게 정부상당식을 고집하고 있고, 이를 통하여 매문정을 공격하는 것도 이해가 가지 않는다.

[7] 다원 연립방정식을 법이 한 개인 것, 즉 1원방정식으로 변환하기 위하여 감법을 사용한다.

方程約多法而歸一法 故用減

(7-1) 연립방정식에서는 반드시 법과 실이 각각 한 개인 경우로 바꾼 후에만 구하는 수를 찾을 수 있다.
따라서 서로 곱할 필요가 있을 때 제일 윗자리 수들을 같게 정리하여 그들을 빼서 소거시킨다.
3원, 4원과 함께 다원의 경우 모두 여러 차례 곱하고 빼서, 한 개의 미지수와 한 개의 상수로 바꾸어야 한다.

方程者 必得一法一實 然後所求之數乃見
故要在互乘 以齊其首數 使首數皆同減盡
而雖三色四色以至多色
不過屢乘屢減 歸於一法一實而已也

[8] 여러 개의 법을 가지는 방정식을 풀려면 한 개의 실을 나누어야 하므로 덧셈을 사용한다.

開方倂多法 而除一實[1] 故用加

1) 위의 [7]과 [8]항의 다원 방정식에서 1원 방정식으로 변환하는 과정에서 뺄셈과 덧셈, 즉 $A=B$에서 $A-C=B-C$와 $A+C=B+C$를 이용하여 변환할 수 있음을 뜻하는 것으로 볼 수 있다.

(8-1) 면의 제곱에는 염과 우의 항을 포함하고,
체의 세제곱에는 방렴과 장렴 및 우의 항을 포함하고,
4차 이상의 경우에도 모두 그 염과 우의 위치를 짐작할 수 있다.
각각은 한 층을 차지하고 이는 실에 대하여 법이 된다. 따라서 염과 우의 각 층을 차례로 잘 늘어놓고 실과 함께 서로 빼야 한다.
염과 우들 가운데 만약 실과 같은 부호를 가지는 항이 있으면 실은 여실로 된다.
따라서 같은 부호를 가지는 항은 빼서 여실을 상쇄하여야 한다.

平方之面 函廉隅之積[1]
立方之體 函方廉長廉 及隅之積[2]
三乘方以上 皆可類推其廉隅之位
各占一層 對實爲法[3] 故要在倂廉隅各層之積[4] 與實相除
而廉隅之中 若有與實同名者 則實爲餘實[5]
故減去同名者之積 與餘實相除也

1) $(x+y)^2=x^2+2xy+y^2$을 정사각형을 가지고 이해한 것을 개방법에서 설명하였다. 이때, x^2을 나타내는 부분을 방方, xy를 나타내는 부분을 염廉, y^2을 나타내는 부분을 우隅라고 하였다. 그러나 이 경우에는 2차식의 1차항을 염廉, 2차항을 우隅로 이해해야 한다.

2) 위의 경우와 같이 1차항 방렴方廉, 2차항 장렴長廉, 3차항 우隅를

가지는 3차식을 나타낸다.

3) 천원술로 다항식을 나타낼 때 실實을 태太자리에 두고 1차 이상의 계수들을 늘어놓은 것이다.

4) 두 식을 상쇄할 때 같은 차수의 자리를 나란히 늘어놓고 빼야 함을 뜻한다.

5) 증승개방법에서 차상을 위한 방정식의 상수항을 여실이라 한다. 지금 이 문장은 증승개방법의 진행 상황을 설명하고 있다.

[9] 항상 같은 부호를 가지는 경우를 위주로 하므로, 뺄셈은 같은 부호는 빼고 다른 부호는 더하는 것이고, 덧셈은 같은 부호는 더하고 다른 부호는 빼는 것이다.

皆以同名爲主 故減者 同減異加 加者 同加異減

(9-1) 같은 부호를 가진다는 것은 그 수가 변하지 않는다는 것이므로, 덧셈과 뺄셈에서 그들이 위주가 되는 것이다.
같은 부호를 뺀다면 반드시 다른 부호는 더해야 하고,
또 같은 부호를 더한다면 반드시 다른 부호는 빼야 한다.
따라서 『구장산술』에서 말하기를 두 수의 부호(=정, 부)가 같으면 빼고, 서로 다르면 더하라. 대상이 없는 정은 부로, 대상이 없는 부는 정으로 바꾸어라.
두 수의 부호가 서로 다르면 빼고, 같으면 더하라. 대상이 없는 정은 정으로, 대상이 없는 부는 부로 두어라. 자세한 것은 아래를 보라.

同名者 數之常也 故爲加減之主
而同減 則不得不異加
同加 則不得不異減
故九章算術曰 同名相除 異名相益
正無入負之 負無入正之
其異名相除 同名相益
正無入正之 負無入負之 並詳見下

[10] 연립방정식을 풀려면 한 개의 법만 남겨야 하고, 또 천원 상쇄술을 써서 방정식을 구성할 때는 반드시 한 행으로 바꾸어야 한다. 따라서 이 두 경우 모두 좌, 우 두 식을 서로 빼야 하는데, 이때 한 식이 정正으로 되어 있으면 다른 식은 부負가 되어야 하고, 한 식이 부負가 되면 다른 식은 정正이 되어야 한다. 따라서 주객을 정하는 대로 그 부호는 변한다. 그러므로 주객의 자리를 잘 살펴야 한다고 말하였다.

且方程務存一法 天元相消之術 務存一行[1] 故皆左右相減
而在彼之正 爲此之負
在彼之負 爲此之正 視主客 而變號 故曰辨主客之位也

1) 여러 개의 식을 조합하여 한 개의 방정식을 유도하는 과정을 설명하고 있다.

(10-1) 서로 더하는 경우에는 피차가 없지만 서로 뺄 때는 피차가 있고, 곱셈에는 법과 실을 구별 할 필요가 없지만 나눗셈에는 법과 실이 구분되어야 한다.

相加 則無彼此
而相減 則有彼此[1]
猶乘 則無法實之分
而除則有法實之分也[2]

1) 위에서 연산의 항을 피와 차로 나누었는데, 저자는 이 문장부터는 피차는 덧셈과 뺄셈에 법法과 실實은 곱셈과 나눗셈의 항으로 구별하고 있다.

2) 덧셈과 곱셈은 교환법칙이 성립하므로 피차와 법실을 구별할 필요가 없지만 뺄셈과 나눗셈은 반드시 피차와 법실을 구별하여야 함을 다시 강조하고 있다.

(10-2) 『방정론』에서 교수 방정식의 경우를 예를 들어보자.
벼루 7개의 값은 붓 3자루의 값보다 480문이 더 많고,
붓 9자루의 값은 벼루 3개 값보다 180문이 더 많다.
이 때 붓과 벼루는 각각 얼마인가?

如方程論 較數方程
例曰 假如以硯七枚 換筆三矢 硯價多四百八十文
若以筆九矢 換硯三枚 筆價多一百八十文
問 筆硯價 各如干[1)]

1) 이 예는 매문정의 『방정론』에서 인용한 것인데 원문에서는 연硯을 연硏으로 나타내고 있고, 이는 『산학정의』 중편中篇의 방정方程장의 제4문으로도 인용되었다.

(10-3) 벼루 7개는 정正, 붓 3자루는 부負, 값 480은 부負로 하여 우행에 늘어놓는다.
벼루 3개는 정正, 붓 9자루는 부負, 값 180은 정正으로 하여 좌행에 늘어놓는다.
벼루 7을 좌행에 곱하면 벼루 정正 21, 붓 부負 63, 값 정正 1260을 얻는다.
벼루 3을 우행에 곱하면 벼루 정 21, 붓 부 9, 값 부1440을 얻는다.
좌행을 위주로 하여 서로 빼면 벼루는 서로 같아 없어지고 붓은 부 54가 남고 이는 법이 되고 값은 정 2700이 되고 이는 실이 된다.
이는 붓은 같은 부호이므로 서로 빼고 값은 서로 다른 부호이므로 서로 더하였기 때문이다.
값이 정正이 되는 것을 어떻게 알았을까?
우행의 부인 값을 좌행에서 뺄 때 처음에 부를 다시 뺄 수 없으므로 그것을 정으로 늘리는 것이 그 부를 빼는 것이 된다.
즉 대상이 없는 경우에 부를 빼는 것은 정으로 바꾸는 것이다.

則以硯七正 筆三負 價四百八十負 列於右行
以硯三正 筆九負 價一百八十正 列於左行

而以硯七 遍乘左行 得硯二十一正 筭六十三負 價一千二百六十正
以硯三 遍乘右行 得硯二十一正 筭九負 價一千四百四十負
以左行爲主相減 則硯相等減盡 筭餘五十四爲負法 價得二千七百爲正實[1)]
蓋筭同名相減 而價異名相加
然何以知價之爲正也
以右行之負價減於左行 則初無可減之負 故增其正 所以減其負 卽負無入正之也[2)]

1) 소거하는 과정의 행렬 표시는 다음과 같다.

$$\begin{pmatrix} 3 & 7 \\ -9 & -3 \\ 180 & -480 \end{pmatrix} \to \begin{pmatrix} 21 & 21 \\ -63 & -9 \\ 1260 & -1440 \end{pmatrix} \to \begin{pmatrix} 0 & 21 \\ -54 & -9 \\ 2700 & -1440 \end{pmatrix}$$

2) 저자는 $a-b=a+(0-b)$로 이해하고 있다. 그러나 이명상익異名相益으로 설명하면 될 것을 위와 같이 우회하여 설명하고 있다.

(10-4) 만약 우행을 위주로 하여 서로 빼면 벼루는 역시 서로 같아 없어지고 붓 54는 정의 법이 되고, 값 2700은 부의 실이 된다.
이는 좌행의 붓이 부 63이고 이를 우행의 붓 부 9에서 빼기 때문이다.
양변에서 같은 수를 빼고 나면, 즉 9를 빼고 나면 그 나머지 54는 더 이상 뺄 수 없다.
따라서 대상이 없는 경우에 부를 빼는 것은 정으로 바꾸는 것이다.
좌행의 값은 정이고 이를 우행에서 뺄 때 처음에 정을 뺄 수 없으므로 그 것을 부로 바꾸는 것이 그 정을 빼는 것이다.
즉 대상이 없는 경우에 정을 빼는 것은 부로 바꾸는 것이다.

若以右行爲主 相減 則硯亦相等減盡
筭餘五十四爲正法 價得二千七百爲負實
蓋以左行筭六十三負 減右行筭九負
則相當減去者 只九而其餘五十四無可減 故負無入正之也
以左行之正價 減於右行
則初無可減之正[1)] 故增其負 所以減其正

卽正無入負之也

1) 저자는 $-1440-1260$의 경우에 -1440에서 1260을 뺄 수 없다고 생각하고 있다.
(10-3)의 주 2)가 이 경우에도 적용된다.

(10-5) 매물암은 우행의 값은 벼루의 부호에 따르고 좌행의 값은 붓의 부호에 따른다고 하였는데, 이는 이미 정부상당률에 어긋난다. 값은 서로 다른 부호를 가지고 있으므로 통째로 서로 더하여 법과 실을 얻는다고 하였는데, 이는 아직도 정과 부를 제대로 구별하지 못하고 있는 것이다.

梅勿庵以右行之價 從硯之號 左行之價 從筆之號
旣不合於正負相當之率
故其價之異名者 只是囫圇相加 而所得之法實 仍無正負之辨也[1]

1) 매물암은 이 문제를 저자와 달리 『구장산술』 방식의 계수 행렬, 즉 연립방정식을

$$7x-3y=480$$
$$-3x+9y=180$$

으로 보고, 그 계수 행렬을 소거하는 것도 7과 -3이 부호가 서로 다르므로 다음과 같이 할 수 있음을 저자가 제대로 이해를 못하고 있는 것 같다.

$$\begin{pmatrix} -3 & 7 \\ 9 & -3 \\ 180 & 480 \end{pmatrix} \rightarrow \begin{pmatrix} -21 & 21 \\ 63 & -9 \\ 1260 & 1440 \end{pmatrix} \rightarrow \begin{pmatrix} 0 & 21 \\ 54 & -9 \\ 2700 & 1440 \end{pmatrix}$$

이 과정에서 $54y=2700$을 얻을 수 있는데, 앞에서 언급한 대로 저자는 연립방정식의 풀이 과정도 일반 방정식 $p(x)=0$의 형태로 변환하여 통일된 이론을 전개하려고 한 것 같다.

(10-6) 또 『사원옥감』 좌우봉원 제1문 초에서

내 2행을 서로 곱하여 768 을 얻고 외 2행을 서로 곱하여 太 을 얻고

내	외
768	太
1408	1024
304	256
−64	−64
−16	−8
	1

내외를 상쇄하여 728 을 얻어 이 5차방정식을 풀어 고 4보를 얻는다.

728
384
48
0
−8
−1

이는 내식을 위주로 하여 외식을 뺀 것이다.
만약 외식을 내식으로 빼면 정과 부가 마땅히 모두 바뀌어야 하므로 1차항과 2차항은 실과 같은 부호 부를 가지고 4차항과 최고차항은 실과 서로 다른 부호 정을 갖고 최고차항의 계수는 1이다. 차근방술을 써서 각각 더하고 뺄 때 실實의 수는 내식에서 분리되지 않고 염廉과 우隅 각 수는 모두 외식으로 돌아가서 방정식을 이룰 수 없게 된다.

又如四元玉鑑左右逢元第一問草[1]

內二行相乘得	768	外二行相乘得	太	內外相消得	768
	1408		1024		384
	304		256		48
	−64		−64		0
	−16		−8		−8
			1		−1

開四乘方得股四步
此以內式爲主 而以外式減之也
若以外式爲主 而以內式減之 則正負當相反[2]
而第一廉第二廉爲實之同名
第四廉及隅爲異名 則一也

借根方術用 各加各減
則實數不離於內式 廉隅各數 摠歸於外式 不能成開方式也[3)]

1) 이 초草는 『사원옥감』 하권 여섯 번째 절 좌우봉원左右逢元의 제1문에 대한 것이다. 문제는 다음과 같다.

지금 현화교와 句를 곱하면 6보가 되고 또 현교교로 股의 제곱을 나누면 4보가 된다. 구고는 얼마인가? 답 句 3보
今有弦和較[a)]乘句得六步 只云弦較較[b)]除股冪得四步 問句股幾何
答 句三步

a), b) **(5-3)**의 주 1)에서 언급한 대로 句 a, 股 b, 弦이 c일 때, 현화교는 $(a+b)-c$, 현교교는 $c-(b-a)$를 뜻한다.

이 문제에 대하여 주세걸은 술術과 12개의 초草를 첨가하였고 나사림羅士琳은 이에 대한 주를 달아 놓았는데 저자가 인용한 초草는 그중 첫 번째 것으로 다음과 같다.

고股$(=b)$를 천원일$(=x)$로 구고교$(=b-a)$를 지원일$(=y)$로 놓고 천원을 제곱하여 股의 제곱 x^2을 얻어 이를 4로 나누면 현교교가 된다. 주어진 조건에서 $\dfrac{b^2}{c-(b-a)}=4$이므로 $\dfrac{b^2}{4}=c-(b-a)$이다. 지금 편의상 나누지 말고 현교교를 4배하여 股의 제곱을 얻는다. 천원을 4배하여 $4x(=4b)$를 얻고 4배의 股와 4배의 현교교를 더하여 $4x+x^2$을 얻는데 이는 4배의 구현화$(4x+x^2=4b+4(c-(b-a))=4(a+c))$이다. 천원에서 지원을 빼서 $-y+x(=-(b-a)+b=a)$, 즉 句를 얻고, 이를 4배하면 $-4y+4x(=4a)$가 되고, 4배의 구현화에서 4배의 句를 빼서 식 $4y+x^2$을 얻는데 이는 4배의 弦
$(4y+x^2=(4x+x^2-(-4y+4x)=4((a+c)-a)=4c)$이다. 句에 천원을 더하여$(=a+x=a+b=-(b-a)+2b)$ 식 $-y+2x$를 얻고 이를 4배하여 $-4y+8x$을 얻고, 4배의 구고화에서 4배의 弦을 빼서 식

$-8y+8x-x^2$을 얻는다. 4배의 현화교와 句를 곱하여
$(=4a((a+b)-c)=(-y+x)(-8y+8x-x^2))$ 식
$-x^3+8x^2+8y^2-16xy+x^2y$를 얻어 상식으로 놓고, 주어진 보수$(=6)$의 4배이므로 $4\times6=24$보가 된다. 이를 상식에서 빼서
$-x^3+8x^2+8y^2-16xy+x^2y-24(=0)$를 얻고 이를 금식이라 하자.
또 4배의 弦에서 4배의 구를 빼서$(=4c-4a=(x^2+4y)-(-4y+4x))$ 식 $8y-4x+x^2$을 얻는다. 4배의 구현교와 4배의 구현화를 곱하여$(=16(c-a)(c+a)=16(c^2-a^2)=16b^2=16x^2)$ 식 $x^4-16x^2+32xy+8x^2y$를 얻고 이는 16배의 股의 제곱으로 위에 놓자. 股의 제곱은 $16x^2$이고 이를 위 식에서 빼서 x로 나누어
$x^3-32x+8xy+32y(=0)$를 얻고 이를 운식 또는 우식이라 하자.
금식에 위의 식을 더하여 식 $8x^2-32x-24+32y+8y^2-8xy+x^2y(=0)$를 얻는다. 또 우식 좌행으로 이 식을 곱하여 식
$256y^2+1024y-768-1216x+64xy^2-32x^2y+8x^3y+64x^3(=0)$[a)]을 얻는다.
우식을 8배하여 $256y+64xy-256x+8x^3(=0)$을 얻어 y를 곱하여 위의 식을 빼서 $-1024y+768-256xy+1216x+32x^2y-64x^3(=0)$을 얻고,
이 식에서 32를 약분하여 식
$-32y+24-8xy+38x+x^2y-2x^3(=0)$을 얻고 이를 좌식이라 하자.
좌식과 우식은 각각
$(-2x^3+38x+24)+(x^2-8x-32)y(=0)$, $(x^3-32x)+(8x+32)y(=0)$인데
이를 산대로 표시하면

−32	24	32	0
−8	38	8	−32
1	0		0
	−2		1

으로 되고 이 표시의 내이행[b)]을 곱하여 식
$768+1408x+304x^2-64x^3-16x^4$을 얻고, 외이행[b)]을 곱하여 식
$1024x+256x^2-64x^3-8x^4+x^5$를 얻어 이를 상쇄하면 방정식
$-x^5-8x^4+48x^2+384x+768(=0)$[c)]을 얻어 이 5차 방정식을 풀어 股 4보를 얻는다.

立天元一爲股 地元一爲句股較 以天元自之得 $\begin{array}{c}\text{太}\\0\\1\end{array}$ 爲股冪合

以四步除之爲弦較較 今不除便爲四段弦較較乃 以天元四之得 $\begin{array}{c}\text{太}\\4\end{array}$ 爲四段股

與四段弦較較相加得 $\begin{array}{c}\text{太}\\4\\1\end{array}$ 爲四段句弦和 以地元減天元得 $\begin{array}{cc}-1&\text{太}\\&1\end{array}$ 爲句

四之得 $\begin{array}{cc}-4&\text{太}\\&-4\end{array}$ 爲四段句 以減四段句弦和得 $\begin{array}{cc}4&\text{太}\\&0\\&1\end{array}$ 爲四段弦

副以句加天元得 $\begin{array}{cc}-1&\text{太}\\&2\end{array}$ 爲句股和四之得 $\begin{array}{cc}-4&\text{太}\\&8\end{array}$ 爲四段句股和

以四段弦減之得 $\begin{array}{cc}-8&\text{太}\\&8\\&-1\end{array}$ 爲四段弦和較 用與句相乘得 $\begin{array}{ccc}8&0&\text{太}\\&-16&0\\&1&8\\&&-1\end{array}$

爲四段餘步於上 乃以四通六步得二十四步 消上得 $\begin{array}{ccc}8&0&-24\\&-16&0\\&1&8\\&&-1\end{array}$ 爲今式

又以四段句減四段弦得 $\begin{array}{cc}8&\text{太}\\&-4\\&1\end{array}$ 爲四段句弦較 用乘四段句弦和得 $\begin{array}{cc}&\text{太}\\32&0\\8&-16\\&0\\&1\end{array}$

爲十六段股冪於上 乃以十六通股冪得 $\begin{array}{c}\text{太}\\0\\16\end{array}$ 消上得 $\begin{array}{cc}32&\text{太}\\8&-32\\&0\\&1\end{array}$ 爲云式

卽爲右式

以今式消之得	8	32	−24	又以右式左行齊之得	256	1024	−768[a]
		−8	−32		64	0	−1216
		1	8			−32	0
						8	64

八右式	256	太	消之得	−1024	768	三十二約之得	−32	24
	64	−256		−256	1216		−8	38
		0		32	0		1	0
		8			−64			−2

爲左式

左右對列內二行[b]相乘得	768	外二行[b]相乘得	太	內外相消得	768
	1408		1024		384
	304		256		48
	−64		−64		0
	−16		−8		−8
			1		−1

開四乘方得股四步.

a) 원문에 $64xy^2$ 항이 빠져 있다.

b) 이 경우에 산대 표시의 또 다른 장점을 볼 수 있다. 좌식과 우식의 표시에서 제1행을 천원($=x$)으로 보면 그 식이 바로 y를 공통인수로 인수분해 한 식, 즉 다음의 괄호 안의 식들이 된다.

$-32y-8xy+x^2y=(-32-8x+x^2)y,\ \ 32y+8xy=(32+8x)y$

따라서 내행과 외행 모두 천원항에 대한 것으로 간주하여 곱하고 있다.

c) 『사원옥감』에서 여러 개의 미지수를 가지는 경우에 이를 소거하는 방법으로 다음과 같은 방법을 쓰고 있는데 이 방법을 사용하고 있다.

두 개의 미지수를 가지는 경우를 설명하기 위하여 다음을 생각하자.

$A_1(x)+B_1(x)y=0$ . . . (i)

$A_2(x)+B_2(x)y=0$ . . . (ii)

그러면 (i)× $B_2(x)$ − (ii)× $B_1(x)$하여

$A_1(x)B_2(x)-A_2(x)B_1(x)=0$을 얻거나,

(i)× $A_2(x)$ − (ii)× $A_1(x)$하여

$(A_2(x)B_1(x) - A_1(x)B_2(x))y=0$을 얻는다.

이때, $y \neq 0$이면 위에서 얻은 식과 동치인

$$A_2(x)B_1(x) - A_1(x)B_2(x)=0$$

을 얻어 y를 소거할 수 있다. 물론 (i)식과 (ii)식을 각각 우식과 좌식으로 산대 표시하면 위의 b)의 주에서 밝힌 대로 $A_1(x)$와 $B_2(x)$는 외이행外二行이고 $B_1(x)$와 $A_2(x)$는 내이행內二行이 되어 외이행의 곱과 내이행의 곱을 빼서 x에 관한 방정식을 얻게 된다. 위의 두 방법을 호은통분互隱通分이라 부른다. (i), (ii)에 의하여,

$$-y=\frac{A_1(x)}{B_1(x)}=\frac{A_2(x)}{B_2(x)}$$ 에서, 통분하는 과정과 같이

$A_1(x)B_2(x) - A_2(x)B_1(x)=0$을 얻은 것으로 보면 호은통분이라는 단어가 적절한 것으로 보인다.

2) 저자는 $A(x)-B(x)=0$과 $B(x)-A(x)=0$이 동치임을 간과하고 있다.

3) $p(x)=0$과 $-p(x)=0$은 동치인 방정식인데 저자가 의도하는 바를 알 수 없다.

[11] (덧셈과 뺄셈에서) 한쪽이 줄면 다른 쪽은 늘고 또 한쪽이 늘면 다른 쪽은 줄어든다. 따라서 서로 다른 부호는 더하고 같은 부호는 빼는 것이다. 또 다른 부호는 빼고 같은 부호는 더하는 것이다.

此消則彼長 此長則彼消[1] 故異名之加 卽同名之減也
異名之減 卽同名之加也

1) $a+b=(a+c)+(b-c)$, $a-b=(a+c)+(-b-c)$를 뜻한다.

(11-1) 피차가 정과 부이면 교대로 서로 줄고 늘어나므로, 한 쪽은 다른 쪽을 빼는 것이다.
정수正數가 부수負數나 빈자리를 만나면, 즉 부수負數나 0을 정수正數로 빼는 경우에는 그 정수正數를 뺄 수 없으므로, 그 정수正數는 부수負數로 바뀌어 결과는 손損이 된다.
만약 정수正數를 만나면 당연히 빼야 한다.
부수負數가 정수正數나 빈자리를 만나면, 즉 정수正數나 0을 부수負數로 빼는 경우에는 그 부수負數를 뺄 수 없으므로, 그 부수負數는 정수正數로 바뀌어 결과는 익益이 된다.
만약 부수負數를 만나면 당연히 빼야 한다.
따라서 대상이 없는 정正은 부負로, 대상이 없는 부負는 정正으로 바꾸라고 하고, 또 그들을 서로 더하라고 하였다.

彼此正負 迭相消長 故以彼減此也
以正數 而遇負數或空位 則無可減之正數[1]
故增其負數[2] 卽實數之損也
若遇正數 則當減[3]
以負數 而遇正數或空位 則無可減之負數[1]
故增其正數[2] 卽實數之益也
若遇負數 則當減[3]
故曰 正無入負之 負無入正之[4]也 其彼此相加[3]也

1), 3) 산대 표시로 이 문장을 이해하여야 한다. 즉 정수正數는 적색 산대, 부수負數는 흑색 산대를 이용하여 나타내었다. 따라서 같은 색의 산대는 서로 뺄 수 있으므로, 정수正數에서 정수正數를 빼는 것은 적색 산대끼리 빼면 되고, 부수負數에서 부수負數를 빼는 것은 흑색 산대끼리 빼면 되지만, 부수負數나 0에서 정수正數를 빼는 일은 산대의 색이 다르므로 동류항이 아니기 때문에 뺄 수 없다고 생각한다. 반대로 정수正數나 0에서 부수負數를 빼는 일도 마찬가지이다.

2) a를 정수正數라 하고 b를 0이거나 부수負數라 하자. 이때, "此長則彼消"의 논리와 a에서 a를 빼면 0이 된다는 논리에서 다음을 얻는다.

$$b-a=b+(+a)-a+(-a)=b+(-a).$$

이제 b와 $(-a)$는 모두 흑색 산대(=부수負數)이므로 서로 더할 수 있게 된다. 또 a가 부수負數, b가 0이거나 정수正數인 경우에도 마찬가지로 생각하여 다음을 얻는다.

$$b-a=b+(+a)-a+(-a)=b+(-a).$$

이제 b와 $(-a)$는 모두 적색 산대(=정수正數)이므로 서로 더할 수 있게 된다.

4) a와 b가 같은 부호이고 $|a|<|b|$인 경우에 $a-b$는 같은 색의 산대이므로 $|a|$개를 $|b|$개의 산대에서 빼고 나면 b와 같은 색의 산대 $(|b|-|a|)$개가 여전히 남게 된다. 따라서 0에서 이를 빼면 다음과 같다.

$$(|b|-|a|)\times(-\text{sign }b)=a-b, \text{ 즉 } a-b=(\text{sign }a)(|a|-|b|)$$

(11-2) 정수正數와 부수負數가 서로 만나면, 즉 서로 빼는 경우에는 서로 도와서 정正이 남으면 그 결과는 정正으로 남게되고 부負가 남으면 결과는 빼야 한다. 만약 덧셈에서 정수正數가 정수正數 또는 빈자리를 만나거나 부수負數가 부수負數나 빈자리를 만나면 마땅히 더해야 한다. 따라서 대상이 없는 정正은 정正으로, 대상이 없는 부負는 부負로 두라고 하였다.

正數與負數 相遇則相減
以相補 而正餘爲正者 實數之存也

負餘爲負者 實數之減也
若以正數遇正數或空位 以負數遇負數或空位 則皆當加
故曰 正無入正之 負無入負之也

[12] 또 같은 부호를 서로 곱하면 정이 되고, 다른 부호를 서로 곱하면 부가 된다. 부와 부를 곱하여 정을 얻는 것은 줄고 늘어남이 서로 돕는 것이다. 따라서 소장의 규칙을 잘 살펴야 한다.

且同名相乘爲正 異名相乘爲負
其負乘負 而得正者 消長相補也
故曰 審消長之機也

(12-1) 정수와 정수, 부수와 부수를 곱하면 모두 정수를 얻고,
정수와 부수를 곱하면 부수를 얻는다.
대저 정은 수를 변하지 않게 하고 부는 수를 변하게 하는 것이다.
정과 정을 곱하여 정을 얻는 것은 그들이 변치 않고 고정되어 있기 때문이다.
정과 부를 곱하면 부를 얻는데, 이는 변하는 것에 따르기 때문이다.
부와 부를 곱하면 정을 얻는데, 이는 반복해 변하면 다시 변하지 않는 것으로 되기 때문이다.

以正數乘正數 以負數乘負數 則皆得正數
以正數與負數相乘 則得負數
夫正常數也 負變數也
以正乘正 而得正者 固其常也
正負相乘 而得負者 從乎變也
以負乘負 而得正者 反變爲常也

(12-2) 예를 들어 정수正數 10과 부수負數 3이 있으면 그 결과(=10+(−3))는 7이 되고 그 제곱은 49이다.
정수 10을 제곱하면 100을 얻고 정수 10으로 부수 3을 곱하면 부수 30을 얻는다.
또 부수 3과 정수 10을 곱하면 역시 부수 30을 얻는다.
이 두 부수를 더하면 60을 얻고 이를 정수 100에서 빼면 그 나머지는 40이다. 또 부수 3을 제곱하여 정수 9를 얻고 이를 더하면 실의 제곱

이 된다. 따라서 소장, 즉 줄고 느는 것은 서로 도와 일어나는 것이라고 한다.

如有正數十負數三 則實數爲七 其羃四十九也
以正數十自乘得一百 以正數十乘負數三得負數三十
又以負數三乘正數十亦得負數三十
併兩負數得六十以減於正數一百 則餘爲四十必
以負數三自乘 得正數九 以加之
然後合於實羃[1] 故曰 消長相補也

1) $(10+(-3))^2=10^2+10\times(-3)+(-3)\times10+(-3)^2$을 설명하고 있는데 소장상보消長相補와의 관계가 불분명하다.

[13] 서로 곱하므로 정리(=소거)할 수 있다.

若乃互乘以齊之

(13-1) 연립방정식에서 제일 윗자리를 소거하는 것이나, 천원술과 여적술을 써서 미지수를 소거할 때 내 2행을 곱하고 외 2행을 곱하는 것 모두 서로 곱하여 정리할 수 있다는 뜻이다.
<여러 개의 미지수를 포함하는 식들을 상쇄할 때 설혹 그 식이 복잡하더라도 역시 서로 곱하여 정리하는 방법을 사용 한다>
서로 곱하여 수들이 복잡하게 되더라도 그 정, 부는 여전히 변하지 말아야 한다.

方程之減去首位 天元如積[1)]之通分多元之
內二行相乘 外二行相乘 皆互乘齊分之義也
<多元之以諸式相消數 或參差者 亦用互乘齊分法>
蓋互乘 則數雖蕃衍 其正負 則仍同也

1) 천원天元은 천원술을 써서 다항식의 연산을 할 수 있음을 뜻하고, 여적如積은 주세걸이 그의 저서 『산학계몽』算學啓蒙과 『사원옥감』四元玉鑑에서 다루는 문제가 대부분 넓이, 부피(중국 산학에서는 넓이와 부피 모두를 적積으로 나타내고 있음)에 대한 문제를 천원을 통하여 미지수를 설정하고 넓이, 부피 등 기하적인 정리를 사용할 때 “여적구지如積求之”라는 말을 사용하여 미지수에 대한 방정식을 세워 문제를 해결하고 있다. 주세걸의 저서를 설명할 때 그의 방법을 천원天元, 여적如積, 개방開方의 세 가지 術術로 정리한다.

(13-2) 『산학정의』의 방정 제6문의 법을 예로 들자.
갑은 3, 을은 4 모두를 정으로 또 100냥은 부로 좌행에 늘어놓고
갑은 정 2, 을은 부 3으로 하여 우행에 늘어놓자.
좌행의 갑 3을 우행에 곱하여 갑 정 6, 을 부 9를 얻고,
또 우행의 갑 2를 좌행에 곱하여 갑 6, 을 8 모두 정을 얻고 200냥은

부를 얻는다.
우행은 3배 늘어나고 좌행은 2배로 늘어났다. 그러나 그 정, 부의 수들은 그대로 서로 같다. 두 행의 갑은 모두 6을 서로 빼서 소거할 수 있다.

如算學正義方程第六問[1)]
法以甲三分乙四分爲正 共數一百兩爲負 列於左
甲二分爲正 乙三分爲負 列於右
乃以左上甲三分 遍乘右行 得甲六分正 乙九分負
又以右上甲二分 遍乘左行 得甲六分 乙八分 俱正
共數二百兩負[2)]
其右行增爲三倍 左行增爲二倍
然正負之數 依舊相當
而兩行之甲數 同爲六分 可以相減恰盡也

1) 이 문제는『산학정의』중편 방정의 제6문이 아니고 제5문이다. 문제는 다음과 같다.

은銀 100냥을 갑과 을 두 사람이 나누어 갖는데, 두 사람이 같은 양을 나누어 갖지 않는다. 이때, 갑이 받은 것 중 $\frac{1}{3}$을 덜어내고 을에게서 $\frac{1}{4}$을 덜어내면 두 사람이 받는 양은 같아진다. 처음 받은 은은 각각 얼마인가?
답은 갑 $52\frac{16}{17}$냥, 을 $47\frac{1}{17}$냥이다.
今有銀一百兩 甲乙分數不均 若甲取三之一 乙取四之一 和合平分以湊原存數則適均 其原分數各若干
答曰 甲原分數 五十二兩又十七分兩之十六 乙原分數四十七兩又十七分兩之一

2) 현재 이 문제를 풀어내는 방법은 갑과 을이 받은 은의 수량을 각각 a, b로 놓고, 다음 방정식을 풀어야 한다.

$$a+b=100$$

$$\frac{2}{3}a=\frac{3}{4}b$$

그러나 이 문제를 $x=\frac{1}{3}a$, $y=\frac{1}{4}b$로 놓아, 다음 연립 방정식을 풀고 있다.

$$2x-3y=0$$

$$3x+4y-100=0$$

$$\begin{pmatrix} 3 & 2 \\ 4 & -3 \\ -100 & 0 \end{pmatrix} \rightarrow \begin{pmatrix} 6 & 6 \\ 8 & -9 \\ -200 & 0 \end{pmatrix} \rightarrow \begin{pmatrix} 0 & 6 \\ 17 & -9 \\ -200 & 0 \end{pmatrix}$$

『산학정의』의 법法은 y를 구하여 그를 4배하여 을이 받은 은의 수량 $47\frac{1}{17}$을 구하고 100에서 이를 빼서 갑이 받은 수량 $52\frac{16}{17}$을 구하고 나서 다음 설명을 덧붙여 놓았다.

이 법은 화교겸용, 즉 매문정의 화교잡방정의 경우이다. 우행의 갑과 을은 부호는 다르고 절대값은 같다($2x-3y=0$). 따라서 좌행에 우행의 갑을 빼고 우행의 을을 좌행에 더하여도 합한 수 -200은 여전히 변하지 않는다.
此法和較兼用也　右行之甲乙旣相當　故左行內減右行之甲加右行之乙而其共數仍同也

(13-3) 또 『산학계몽』의 개방석쇄장의 제33문의 술을 들어보자.
입원(=구)의 지름을 천원일(= x)로 놓고, 천원에서 2자를 빼면 평원(=원)의 지름 $x-2$가 된다. 원의 넓이는 $\frac{22}{7}(\frac{x-2}{2})^2$이므로 ($\pi=\frac{22}{7}$로 계산함), **$x-2$를 제곱하여 22를 곱하면 원의 넓이의 28배**
$22x^2-88x+88$을 얻고 이를 4배하여 원의 넓이의 112배
$88x^2-352x+352$를 얻는다.
또 구의 지름에 8을 더하여 정육면체의 한 변 $x+8$을 얻고, 이를 세제곱하여 <즉 제곱에 다시 곱하는 것을 뜻한다> 이를 112배하여 정육

면체의 부피의 112배 $112x^3+2688x^2+21504x+57344$를 얻는다.
또 구의 지름을 세제곱하여 9를 곱하면 구의 부피의 16배인 $9x^3$을 얻고 이를 7배하여 그 부피의 112배 $63x^3$을 얻는다. 또 정육면체의 한 변의 길이의 두 배는 정사각형의 한 변의 길이의 두 배 $2x+16$이 되고 이를 제곱하여 112배하면 정사각형의 넓이의 두 배 $448x^2+7168x+28672$를 얻는다.

又如算學啓蒙開方釋鎖第三十三問[1)]術[2)]

立天元一爲立圓徑 0
1 減二尺爲平圓徑 −2
1 自之就以二十二乘之

爲二十八段積 88
−88
22

就分四之 爲一百十二段密圓積 352
−352
88 又列立圓徑加八尺 爲立方面 8
1

再自乘 <卽自乘再乘也 下倣此> 又以一百十二乘之 爲一百十二段立方積

57344
21504
2688
112

又列立圓徑再自乘九 因爲十六段積 0
0
0
9 又七之爲一百十二段立圓積[3)] 0
0
0
63

又列立方面二之爲平方面 16
2 自乘又以一百十二乘之

亦爲一百十二段平方積 28672
7168
448

1) 제33문은 다음과 같다.

입원(=구), 입평방(=정육면체), 평원(=원), 평방(=정사각형)이 각각 한 개씩 있다. <구는 고법($\pi=3$으로 계산), 원은 밀률($\pi=\frac{22}{7}$로 계산)에 따른다> 이들의 부피와 넓이의 합이 18586이다. 또 구의 지름은 원의 지름보다 2자가 많고, 정육면체의 한 변보다 8자가 작고, 정육면체의 한 변은 정사각형의 한 변의 $\frac{1}{2}$이다. 이때, 이들 4가지는 얼마인가?
답: 구의 지름은 16자, 정육면체의 한 변은 24자, 원의 지름은 14자, 정사각형의 한 변은 48자이다.
今有入立圓立方平圓平方各一 <立圓從古法 平圓從密率[a)]>
共積一萬八千五百八十六尺 只云立圓經多於平圓經二尺
却少於立方面八尺
立方面如平方面二分之一 問四事各幾何
答曰 立圓經一十六尺 立方面二十四尺 平圓經一十四尺 平方面四十八尺

a) 원주율 π는 『구장산술』九章算術 제1권 방전方田에서 다루고 있는데 초기에는 $\pi=3$으로 계산하고 이를 고율古率이라 하였다. 유휘劉徽는 그의 주註에서 원에 내접하는 정다각형으로 원주를 근사시켜 더 좋은 근사값을 구하고 있다. 보통은 $\pi=\frac{157}{50}=3.14$, $\frac{22}{7}$, $\frac{355}{113}$를 각각 휘율徽率, 약률約率, 밀률密率이라 하는데, 『산학계몽』에서는 약률을 밀률로 보고 있다.

2) 『산학계몽』에서 위의 제33문에 대한 법은 저자가 인용한 것에 대하여 구의 부피의 112배인 $63x^3(=112\times\frac{9}{16}x^3)$과 지금까지 얻어낸 부피와 넓이의 합$=112\times18586$에서 얻어지는
$175x^3+3224x^2+28320x-1995264=0$을 풀어 $x=16$을 얻고, 그 나머지 길이를 구하였다.

四位共併爲一百一十二段積　86368 寄左列共積一萬八千五百八十六尺
28320
3224
175

以一百一十二乘之 得二百八萬一千六百三十二 與寄左相消 得開方式
−1995264
28320
3224
175

立方開之 得立圓經一十六尺 加八尺得立方面 減二尺爲平圓經 倍立方面即平方面 合問

3)『구장산술』에서 지름이 x인 구의 부피는 $\frac{9}{16}x^3$으로 주어지는데 이를 사용하고 있다.

(13-4) 원의 넓이 $\left(=\frac{22}{7}\left(\frac{d}{2}\right)^2=\frac{22d^2}{28}\right.$ (d는 원의 지름))**는 밀률을 써서 계산하므로 28을 분모로 가지고 구의 부피** $\left(=\frac{9\,d^3}{16}\right.$ (d는 구의 지름))**는 16을 분모로 갖는다. 이들 두 분모는 모두 4로 나누어 떨어진다. 따라서 16을 4로 나누어 얻은 4와 또 28을 4로 나누어 얻은 7을 써서 원의 넓이와 구의 부피를 통분하는데, 이는 바로 서로 곱하여 정리한 것이다.**
정육면체와 정사각형의 넓이는 모두 분모를 갖고 있지 않지만 부득이 위와 같이 112배를 하여 4개의 넓이와 부피를 더할 수 있게 된다. 각각은 서로 적당한 배수를 곱하였으나, 그 속에 포함되어 있는 정과 부는 변하지 않기 때문에 이들 112배의 부피와 넓이를 서로 더할 수 있다.

其密圓積函二十八分母 古圓積函十六分母 兩分母皆可以四度盡
故今取省算 以四約十六 得四 通密圓積
約二十八 得七 通古圓積 是爲互乘齊之也[1)]

立方積平方積 雖無所函之分母 不得不從而通之 則四事之積
雖各增幾倍 內函正負之分數 依舊而同
爲一百十二段積可以相併也

1) 28과 16의 최소공배수를 구하는 법 4 | 28 16 에서 4×7×4=
7 4

=112를 얻고 따라서 $\frac{22}{28}$와 $\frac{9}{16}$를 통분하여 $\frac{22\times4}{112}$와 $\frac{9\times7}{112}$을 얻는 과정을 설명하고 있다.

(13-5) 또 『사원옥감』의 삼재변통의 제1문의 초를 예로 들어보자. 구를 천원일로, 고를 지원일, 현을 인원일로 놓고, 인을 천의 자리로 바꾸어 우식 $3y+10-2x(=0)$, 좌식 $13y-2xy-2+10x(=0)$를 얻는다. 좌, 우 두 식을 13 −2 3 10 로 배열하고 내이행을 곱하여
−2 10 0 −2
$-6+30x$, 외이행을 곱하여 $130-46x+4x^2$을 얻고 이를 상쇄하여 $136-76x+4x^2(=0)$을 얻어 번적이 포함된 방법으로 풀면 현 17보를 얻는다.

又如四元玉鑑三才變通第一問[1)]草[2)]
立天元一爲勾 地元一爲股 人元一爲弦 人易天位
得右式 3 10 左式 13 −2 左右對列
−2 −2 10
內二行相乘 得 −6 外二行相乘 得 130 內外相消 得 136
30 −46 −76
4 4
翻積開平方 得弦十七步

1) 제1문은 다음과 같다.

지금 직각삼각형의 직적에서 현교화를 빼서 고현교의 제곱을 더한 것이 현교교의 제곱과 같고, 또 구의 제곱에서 삼상화를 뺀 것과 현교화와 같을 때 현은 얼마인가?

답은 17보

今有直積減弦較和加股弦較冪與弦較較冪等 只云句冪減三相和與弦較和同問弦幾何

答曰 一十七步

2) 아래의 초의 전문全文과 저자가 인용한 부분을 비교하면 마지막 x, y에 대한 두 식에서 y를 소거하는 방법, 즉 **(10-6)**의 주 1)의 c)에서 설명한 방법에만 집중하고 있다. 『사원옥감』에서 세 개의 미지수를 가지는 방정식들을 설정하고 이를 소거해 나가는 방법을 생략하고 있는데, 오히려 이 부분이 수학적으로 더 의미 있는 것이다. 또 저자가 인용한 "인역천위 득우식人易天位 得右式" 사이에 너무 많은 내용을 생략하여 전문을 보지 않고는 그 내용을 알 수 없다.

초는 다음과 같다.

句를 천원일($=x$), 股를 지원($=y$), 弦을 인원($=z$)으로 놓고 지에서 천을 빼면 구고교 $y-x$를 얻고, 이를 人에 더하면 현교화 $(y-x)+z$을 얻고 人에서 地를 빼어 고현교 $z-y$를 얻고 이에 天을 더하여 현교교 $(z-y)+x$를 얻는다. 천지를 더하여 구고화 $x+y$를 얻고 또 人을 더하여 삼상화 $x+y+z$을 얻는다.

또 天과 地를 곱하여 직적 xy, 天을 제곱하여 구멱 x^2, 地를 제곱하여 고멱 y^2, 人을 제곱하여 현멱 z^2, 고현교를 제곱하여 고현교멱 y^2+z^2-2yz, 현교교를 제곱하여 현교교멱 $x^2+y^2+z^2-2xy+2xz-2yz$를 얻는다. 직적에서 현교화를 빼서 식 $xy+x-y-z$을 얻고 다시 고현교멱을 더하여 $y^2+z^2-2yz+xy+x-y-z$을 얻는다. 현교교멱을 빼서 $-x^2+3xy-2xz+x-y-z(=0)$을 얻고 이를 금식이라 하자.

구멱에서 삼상화를 빼서 $x^2-(x+y+z)$을 얻고 현교화를 빼서 $-x^2+2y+2z(=0)$을 얻고 이를 운식이라 하자.

또 句와 股의 제곱을 더하여 현멱을 빼서 삼원식 $x^2+y^2-z^2(=0)$을 얻는다.

금식 좌행을 운식에 곱하여 $-3x^3+x^2+6xy+6xz-2y-2z(=0)$을 얻고, 금식의 2배인 $-2x^2+6xy-4xz+2x-2y-2z(=0)$에서 위의 식을 빼서 $3x^2-3x-10z+2(=0)$를 얻는다. 人을 天의 자리로 바꾸어 $3y^2-3y-10x+2(=0)$를 얻고 이를 전식이라 하자.

운식을 지원 부분에서 세로로 나누어 그 왼쪽 반은 $2y$이고 이를 제곱하여 $4y^2$, 오른쪽 반은 $-x^2+2z$이고 그를 제곱하여 $x^4-4x^2z+4z^2$을 얻고 이를 상쇄하여 $x^4-4x^2z-4y^2+4z^2(=0)$을 얻는다.

삼원식을 4배하여 $4x^2+4y^2-4z^2(=0)$을 얻어 위의 식과 상쇄하여 $x^2-4z+4(=0)$를 얻는다. 人을 天의 자리로 바꾸고 3배하여 $3y^2-12x+12(=0)$를 얻고 이를 후식이라 하자. 전식을 빼서 $-2x+3y+10(=0)$을 얻고 이를 우식이라 하자.

또 우식에 y를 곱하여 전식을 빼서 $-2xy+13y+10x-2(=0)$를 얻고 이를 좌식으로 놓고 좌, 우 두 식을

13 −2 3 10 으로 늘어놓고 내이행을 곱하여 $30x-6$, 외이행을
−2 10 0 −2

곱하여 $4x^2-46x+130$을 얻어, 서로 빼서 $4x^2-76x+136(=0)$을 얻고 4로 약분하여 얻은 방정식 $x^2-19x+34(=0)$를 풀어 17보를 얻는다.

草曰 立天元一爲句 地元一爲股 人元一爲弦 天地相減得 1 太
−1

爲句股較加人元得 1 太 1 爲弦較和 地人相減得 −1 太 1 爲股弦較
−1

加天元得 −1 太 1 爲弦較較 天地相加得 1 太 爲句股和
1 1

加人元得 1 太 1 爲三相和 又天地相乘得 0 太 爲直積 天元自之得
1 1 0

太 爲句冪
0
1

地元自之得 1 0 太 爲股冪 人元自之得 太 0 1 爲弦冪

股弦較自之得　　−2　　弦較較自之得　　−2

　　1　0　太　0　1　　　　1　0　太　0　1

　　　　　　　　　　　　　　−2　0　2

　　　　　　　　　　　　　　　　1

爲弦較較冪 乃以弦較和減直積得

−1　太　−1

　　1　　1

加股弦較冪得　　−2　　消弦較較冪得 −1　太　−1　爲今式

　　1　−1　太　−1　1　　　　3　1　−2

　　　　1　1　　　　　　　　　−1

副以三相和減句冪得 −1　太　−1　消弦較和得 2　太　2　爲云式

　　　　　　　　−1　　　　　　　0

　　　　　　　　1　　　　　　　−1

又倂句股二冪消弦冪得 1　0　太　0　−1 爲三元式 以今式左行齊云式得

　　　　　　　　　　　0

　　　　　　　　　　　1

−2　太　−2

6　0　6

　　1

　−3

倍今式 −2　太　−2　消之得　2　−10　人易天位得[a] 3　−3　2

　　　6　2　−4　　　−3　　　　　　　　　　　−10

　　　　−2　　　　　3

爲前式

云式剔分爲二[b]<直截地元>其左半　2　太 自之得 4　0　太

右半　太　2　自之得　太　0　4　相消得　−4　0　太　0　4

　　　0　　　　　0　0　　　　　　　0　0

　　−1　　　　　0　−4　　　　　　　0　−4

　　　　　　　　0　　　　　　　　　0

　　　　　　　　1　　　　　　　　　1

復四三元式 4 0 太 0 -4 消之得 4 −4
0 0
4 1

人易天位三之得 3 0 12 爲後式
-12

消前式得 3 10 爲右式 又消前式得 13 −2 爲左式 左右對列 內二行
−2 −2 10

相乘得 −6
30

外二行相乘得 130 內外相消得 136 約爲四 34 開平方得 一十七步
−46 −76 −19
4 4 1

合問

a) 식 $3x^2-3x-10z+2=0$에서 z(=인人)을 x(=천天), x를 y, y를 z으로 치환하여 $3y^2-3y-10x+2=0$을 얻는다. 이런 방법을 『사원옥감』에서 자주 쓰고 있다. 이는 天元과 인원人元의 관계식보다 천원과 지원의 관계식에 익숙하기 때문이다.

b) $A+B=0$에서 등식 $A^2-B^2=0$을 얻는 과정을 A와 B로 나누어(=剔) 각각을 제곱하여 빼서 얻는다(아래에 자세한 설명이 나온다).

(13-6) 위의 좌우 양식은 각각 두 행으로 이루어지고 반드시 서로 곱하여 그 한 행의 수를 같게 해서 정과 부로 서로 나누어 이를 소거시킬 수 있다.

우식의 좌행 (=3)**을 좌식에 곱하여** $39y-6xy+(-6+30x)$ (=0)**를 얻고, 좌식의 좌행** (= $13-2x$)**을 우식에 곱하여**

$39y-6xy+(130-46x+4x^2)$ (=0)**을 얻어 좌식으로 우식을 빼서 역시 방정식** $4x^2-76x+136$ (=0)**을 얻는다.**

其左右兩式 各爲二行 必須互乘 齊其一行之數 及正負相對消滅

而若以右式左行 遍乘左式 得 39 −6 以左式左行 遍乘右式 得 39 130
−6 30 −6 −46
4

以左式消右式 亦得開方式 136 也
−76
4

(13-7) 또는 우식의 우행 $(=10-2x)$을 좌식에 곱하여 식 $(130-46x+4x^2)y+(-20+104x-20x^2)$을 얻고, 좌식의 우행을 우식에 곱하여 식 $(-6+30x)y+(-20+104x-20x^2)$을 얻어 우식으로 좌식을 빼서 ($y$를 소거하여) 역시 방정식 $4x^2-76x+136\ (=0)$을 얻는다.

或以右式右行 遍乘左式 得 130 −20 以左式右行
−46 104
4 −20
遍乘右式 得 −6 −20 以右式消左式 亦得開方式 136 也
30 104 −76
-20 4

(13-8) 두 식의 좌행을 서로 곱하므로 두 식의 좌행은 당연히 서로 같아지고 따라서 빼면 없어지므로 반드시 곱하여 뺄 필요는 없다.
따라서 우식의 좌행으로 좌식의 우행만 곱하면 된다. 즉 내이행을 서로 곱하라는 뜻이다. 또 좌식의 좌행으로 우식의 우행만 곱하면 되므로, 이것이 바로 외이행을 서로 곱하라는 뜻이다.

夫以兩式之左行互乘 則左行自當齊同減盡 不必乘減
故以右式之左行 只乘左式之右行 卽内二行相乘也
以左式之左行 只乘右式之右行 卽外二行相乘也

(13-9) 두 식의 우행을 서로 곱하므로 두 식의 우행은 당연히 서로 같아지고 따라서 빼면 없어지므로 반드시 곱하여 뺄 필요가 없다.
따라서 우식의 우행으로 좌식의 좌행만 곱하면 된다. 역시 외이행을 서로 곱하라는 뜻이다. 또 좌식의 우행으로 우식의 좌행만 곱하면 되므로, 이것 역시 내이행을 서로 곱하라는 뜻이다.
따라서 내외 두 식은 이미 서로 곱하므로 나머지 식을 빼서 상쇄되고 한 개의 미지수만 갖는 방정식을 얻게 된다. 정과 부가 서로 같아지고 서로 곱하는 것은 앞의 경우와 여전히 같다.

若以兩式之右行互乘 則右行自當齊同減盡 不必乘減
故以右式之右行 只乘左式之左行 亦外二行相乘也
以左式之右行 只乘右式之左行 亦內二行相乘也
故內外二數 已成互乘 對減之餘數 可以相消 得一行開方式
而正負之相當 並與互乘以前仍同也

[14] 나눔(剔分)으로 소거한다.

剔分以消之

(14-1) 여러 개의 미지수를 소거하는 것이다.
층수나 행수가 같지 않아도 그들을 나누어 제곱한 후에 이들을 서로 빼서 그 산식을 얻는다.
비록 크게 변하여도 그 정, 부의 수는 여전히 상당을 이룬다.
구 $(=x)$가 3, 현 $(=z)$이 5인 경우 그 합은 8이므로 식 $8-x-z\ (=0)$을 얻는다.
세로로 나누어, 즉 $8-x$와 $-z$으로 나누어, 현을 제곱하여 식 z^2을 얻어 왼쪽에 놓고, $8-x$를 제곱하여 $64-16x+x^2$을 얻고, 위의 좌식을 빼서 식 $64-16x+x^2-z^2\ (=0)$을 얻는다. 즉 현의 제곱 $(=25)$과 16배의 구 $(=48)$를 더한 73은 부負가 되고, 이는 구의 제곱 $(=9)$과 64의 합인 정正 73과 상당을 이룬다.

多元之相消也 層數或行數之不等者 用剔分自乘 然後用以相消 則其算式雖大變 而正負之數 仍相當也
如勾三弦五 和爲八 相消 得式 太8 −1 直截[1]弦自乘 得 太 0 1
−1
寄左 以太八 及勾自乘 得 太64 與寄左相消 得 太64 0 −1
−16 −16
1 1
則弦羃及十六勾 共爲負數七十三
與正數勾羃 及太六十四 爲相當也

(14-2) 또 가로로 나누어, 즉 $8-z$과 $-x$로 나누어, 구$(=-x)$의 제곱을 하여 식 x^2을 얻어 왼쪽에 놓고, $8-z$을 제곱하여 $64-16z+z^2$을 얻어 위의 왼쪽 식을 빼서 식 $64-16z+z^2-x^2\ (=0)$을 얻는다. 즉 구의 제곱 $(=9)$과 16배의 현 $(=80)$의 합은 89이고 부負이며, 현의 제

곱 (=25)와 64의 합인 정正 89와 상당을 이룬다.

若橫截[2)]勾自乘得　太　寄左
　　　　　　　　　0
　　　　　　　　　1
以太八及弦自乘得 太64　−16　1 與寄左相消 得　太64　−16　1
　　　　　　　　　　　　　　　　　　　　　　　0
　　　　　　　　　　　　　　　　　　　　　　−1
則勾羃及十六弦 共爲負數八十九
與正數弦羃及太六十四 爲相當也

(14-3) 또 사선으로 나누어, 즉 8과 $-x-z$으로 나누어 $(-x-z)$을 제곱하여 식 $x^2+2xz+z^2$을 얻어 왼쪽에 놓고, 8을 제곱하여 64를 얻어 위의 왼쪽 식을 빼서 식 $64-x^2-2xz-z^2\ (=0)$을 얻는다. 즉 구와 현의 제곱과 구와 현의 곱의 두 배를 더한 64는 부負이며 이는 정수正數 64와 상당을 이룬다.

或斜截[3)]勾弦自乘得　太　0　1　寄左
　　　　　　　　　　0　2
　　　　　　　　　　1
以太八自乘 得　太64 與寄左相消 得　太64　0　−1
　　　　　　　　　　　　　　　　　0　−2
　　　　　　　　　　　　　　　　−1
則勾羃弦羃及勾弦相乘積二段
共爲負數六十四 與正數太六十四 爲相當也

1), 2), 3) 식 $8-x-z=0$을 각각 $(8-x)$와 $-z$; $(8-z)$와 $-x$; 8과 $(-x-z)$으로 나누어 이를 제곱하여 상쇄하여 등식을 얻는 것을 예를 들어 설명하고 있다.

[15] 곱셈으로 나눗셈을 대신할 수 있다.

或以乘代除

(15-1) 천원술과 여적술에서 당연히 나눗셈을 할 필요가 있으나, 나누어 떨어지지 않는 경우가 있다. 이 경우에 그 분수를 한 변에 두고 그 분모를 곱하는 것으로 정리하여 정부상당식을 얻을 수 있다.
『측원해경』 저구장의 제5문의 초를 예로 들자.
반지름을 천원일로 놓고 갑행 <북문을 나와 동쪽으로 간 300보>에서 천원을 빼어 소구小句를 얻고, 또 을행 <동문을 나와 남쪽으로 간 30보>를 천원에 더하여 소고小股를 얻는다.
천원에 갑행을 더하여 대구大句를 얻고 이를 소고小股와 곱한다. 그 곱을 소구小句로 나누면 대고를 얻는다. 그러나 나누어 떨어지지 않으니 편의상 곱을 대고大股라 하자. 천원과 분모(=소고小股)를 곱하여 위의 편의상 대고大股에서 뺀 것을 을행(=30)으로 곱하여 식 $60x^2+900x+180000$을 얻고 이는 반지름의 제곱인데 이를 좌식으로 놓자. 또 천원의 제곱을 소구小句와 곱하여 식 $-x^3+200x^2$을 얻고 이는 좌식과 같은 수이다.
좌식과 상쇄하여 방정식 $x^3-140x^2+900x+180000$ $(=0)$을 얻는다.

天元如積之術 有當除 而不受除者
寄分於此 而乘彼 以齊之 得正負相當式
如測圓海鏡底勾第五問[1)]草[2)]
立天元一爲半徑 減於甲行<出北門東行三百步> 得小勾
以天元加於乙行<出東門南行三十步> 得小股 以天元加於甲行 得大勾
以小股乘之 合以小勾除 不受除 便以爲大股 置天元以分母乘之 以減大股
以乙行乘之
得半徑冪 180000　寄左 又以天元爲冪 又以小勾 通之爲同數　太

得半徑冪	寄左 又以天元爲冪 又以小勾 通之爲同數
180000	太
900	0
60	200
	−1

與寄左相消 得開方式　180000
900
-140
1

1) 문제는 다음과 같다.

을이 동문을 나와 남쪽으로 30보 가서 멈추고, 갑은 북문을 나와 동쪽으로 200보를 가서 을과 성이 접해 있는 것을 볼 수 있었다. 문답은 전과 같다.
惑問乙出東門南行三十步而止 甲出北門東行二百步望見乙與城參相直 問答 同前

2) 초는 다음과 같다.

성의 반지름을 천원일로 놓고 이를 갑이 동행東行한 보수를 빼서 소구小句 $200-x$를 얻고, 천원에 을이 남행南行한 보수를 더하여 소고小股 $30+x$를 얻는다. 또 천원에 동행한 보수를 더하여 내구大句 $200+x$를 얻는다.
대구와 소고를 곱하여 $6000+230x+x^2$을 얻고 이를 소구로 나누려 하는데 나누어 떨어지지 않으므로 편의상 이 곱을 대고大股라 하자. <물론 그것을 소구로 나누어야 대고가 되지만> 천원에 분모인 소구를 곱하여 $200x-x^2$을 얻고 대고에서 빼면 식 $6000+30x+2x^2$이 되고 이를 을이 남행한 보수를 곱하여 $180000+900x+60x^2$을 얻는데 이는 반지름의 제곱이 된다. <물론 이 경우에도 소구를 분모로 가지는 식을 뜻한다> 그 후 천원의 제곱과 소구를 곱하여 $200x^2-x^3$을 얻고 이를 위의 식과 상쇄하여 식 $180000+900x-140x^2+x^3(=0)$ 을 얻고 이 3차방정식을 풀어 120보를 얻고 이를 2배한 것이 성의 지름이다.

草曰 立天元一爲半城經 減於甲東行步得　-1元[a)]　爲小句[b)]
200

以天元加於乙南行步得 1元 爲小股 乃以天元加東行步得 1元
30 200
爲大句[c]

置大句以小股乘之得 1 合以小句除之 今不受除 便以此爲大股[d]
230元
6000

<內帶小句分母>

又置天元以分母小句乘之得 −1 減於大股餘 2 [e] 以乙南行步
200元 30元
6000

乘之得 60 爲半經冪 <內有小句分母寄左>
900元
180000

然後以天元爲冪又以小句通之得 −1 爲同數[f]與左相消得式 1
200 −140
0元 900元
180000

以立開方之得 一百二十步 倍之卽城經也 合問

a) 이 초에서는 천원술의 상수항을 제일 아래에 놓고 위로 1차, 2차, 3차항의 계수를 차례로 늘어놓고 있다. 또 천원의 자리를 나타내기 위하여 원元자를 첨가하였다.

b) (6-10)의 **그림 3**에서 제11삼각형 KBU에서 구, 고를 각각 소구, 소고라 한다.

c) (6-10)의 **그림 3**에서 제1삼각형 ABC에서 구, 고를 각각 대구, 대고라 한다.

d) 제1삼각형 ABC와 제11삼각형 KBU가 닮은꼴이므로

$\frac{\text{대고}}{\text{대구}} = \frac{\text{소고}}{\text{소구}}$, 즉 $\frac{\text{대고}}{200+x} = \frac{30+x}{200-x}$를 얻고, 따라서 대고$=b$라 놓으면,

$b=\dfrac{(200+x)(30+x)}{200-x}$가 되므로, $(200+x)(30+x)=b(200-x)$이다.
따라서 나눗셈을 하는 대신 $b(200-x)$로 식을 구성한다.

e) $(200+x)(30+x)-x(200-x)=b(200-x)-x(200-x)$
$=(b-x)(200-x)$를 얻는다.

f) 위의 그림 3에서 제2삼각형 AQW와 제15삼각형 KQE가 닮은 삼각형이므로 $\dfrac{AW}{QW}=\dfrac{KE}{QE}$, 즉 $\dfrac{b-x}{QW}=\dfrac{30}{QE}$을 얻고 제11삼각형 KBU와 제15삼각형이 닮은 삼각형이므로 $\dfrac{QE}{BU}=\dfrac{KE}{KU}$, 즉 $\dfrac{QE}{200-x}=\dfrac{30}{30+x}$을 얻고 이를 위의 식에 대입하여 $30+x$를 곱하여
$30(b-x)(200-x)=30(30+x)QW$를 얻고 또 $30(30+x)QW=x^2(200-x)$에서 방정식을 얻는다.

(15-2) 대구와 소고를 곱한 것을 소구로 나누면 대고가 되는데 나누어 떨어지지 않으므로 편의상 그 곱을 대고라 한다.
즉 그것은 실제 대고의 몇 배를 한 것이다.
따라서 그것을 줄이는 대신에 천원이나 같은 식의 천원멱 모두를 소구로 곱하여 같은 배수로 늘리는 것이다.
대저 천원 여적에서 상쇄할 때 반드시 같은 식을 얻어야 한다.
따라서 이 식이 증가하면 역시 나머지 식도 증가하여야 하고, 또 나머지 식이 증가하면 따라서 이 식도 증가하여야 한다. 그렇게 한 후에 상쇄하여 정부 상당의 방정식을 얻을 수 있다.

此大勾小股相乘 合以小勾除之 得大股 而不受除
故便以爲大股 則爲增幾倍之大股 故就當減之天元及同數之天元冪
皆以小勾乘之 各增幾倍也 凡天元如積之相消者 務得相等之數
故此有所增 則亦增彼數 彼有所增 則亦增此數
然後相消 得正負相當之開方式也

[16] 때로는 빼는 대신에 더할 수도 있다.

或以加代減

(16-1) 정과 부는 서로 변할 수 있다.
따라서 매물암의 『방정론』에서 제일 윗자리가 서로 다른 부호일 때 그 중 한 식의 부호를 모두 바꾸고 나서 같은 부호는 빼고 다른 부호는 더하라고 하였다.
한 식을 바꾸지 않는 경우는 다른 부호는 빼고 같은 부호는 더해야 하고, 즉 두 식을 더하고, 바꾸는 경우는 같은 부호는 빼고 다른 부호는 더하여야 한다. 즉 두 식을 서로 빼야 한다.

正負可以互變
故梅勿庵方程論 謂首位異名者 變其一以相從 爲同減異加地也
然不變而異減同加 與變而同減異加等

(16-2) 『산학정의』의 다원장 제13문의 법을 예로 들어보자.
임식 $2-x-x^2-z+xz$에 우식 $2-2x+x^2+2z-xz$을 더하여 좌식 $4-3x+z$을 얻는다. 이때, 아래층에 있는 구의 제곱을 소거하고자 하는데 임식은 부負(x^2의 계수는 -1), 우식은 정正(x^2의 계수는 1)이므로 마땅히 한 식의 부호를 모두 바꾸고 난 후에 같은 부호는 빼고 다른 부호는 더하여야 한다. 그러나 지금 부호를 바꾸지 않은 채 바로 같은 부호는 더하고 다른 부호는 빼어도 좌식을 얻을 수 있다.
정부상당식의 모든 계수는 여전히 같다.

如算學正義多元第十三問[1)]法[2)]曰

以壬式	2	−1	加右式	2	2	得左式	4	1
	−1	1		−2	−1		−3	
	−1			1				

此欲消下層勾冪
而壬式負 右式正 當變一式之號 然後同減異加

而今乃不變 直用同加異減 則所得左式
正負相當之諸數仍同也

1) 이 문제는 『사원옥감』의 가령사초假令四草의 삼재운원문三才運元問을 『산학정의』에서 해설한 것이다. 그 문제는 다음과 같다.

직각삼각형에서 현화화를 고현교로 나눈 것은 직적과 같고, 또 현교화를 구현교로 나눈 것이 구句와 같을 때 句, 股, 弦의 길이는 각각 얼마인가?
今有股弦較除弦和和與直積等 只云句弦較除弦較和與句等 問 句股弦尺數各幾何

2) 법은 다음과 같다.
句를 천원일($=x$), 股를 지원일($=y$), 弦을 인원일($=z$)로 놓고, 地에서 天을 빼서 $y-x$를 얻어 인원을 더하여 현교화 $-x+y+z$을 얻고, 人에서 天을 빼서 구현교 $-x+z$, 또 지를 빼서 고현교 $-y+z$을 얻고, 天地人 3원을 더하여 현화화 $x+y+z$을 얻는다. 天地를 서로 곱하여 직적 xy를 얻어 이를 고현교로 곱하여 $-xy^2+xyz$을 얻는다.
현화화를 빼서 금식 $-xy^2+xyz-x-y-z(=0)$을 얻는다.
다음에 구현교를 천원으로 곱하여 $-x^2+zx$를 얻고 현교화를 빼서
운식 $-x^2+zx+x-y+z(=0)$을 얻는다.
또 천원의 제곱 x^2, 지원의 제곱 y^2을 더하여 현의 제곱 x^2+y^2을 얻는데, 인원의 제곱 z^2이 바로 현의 제곱이므로 이들을 상쇄하여 삼원식 $-x^2-y^2+z^2(=0)$을 얻고 금식에서 삼원식에 천원을 곱하여 빼면 식 $x^3-x-y-z+xyz-xz^2(=0)$을 얻어 상식으로 놓자.
운식에 인원을 곱하고 또 천원을 곱하여, 실제로 $-xz$을 곱하여 식 $xyz+xz^2-x^2z-x^2z^2+x^3z(=0)$을 얻고 이를 상식에서 빼면 식 $x^3-x-y-z-2xz^2+x^2z+x^2z^2-x^3z(=0)$을 얻는다. 이 식에서 또 운식을 빼시 갑식 $x^3-x^3z+x^2+x^2z+x^2z^2-2x-xz-2xz^2$을 얻는다.
운식을 (지원에서 세로로) 둘로 나누어 그 오른쪽 반은

$-x^2+x+xz-z$이고 그를 제곱하여
$x^4-2x^3-2x^3z+x^2+4x^2z+x^2z^2-2xz-2xz^2+z^2$을 얻고, 그 왼쪽 반인 y를 제곱하여 y^2을 얻은 후에 이들을 상쇄하여
$x^4-2x^3-2x^3z+x^2+4x^2z+x^2z^2-2xz-2xz^2+z^2-y^2(=0)$을 얻어, 삼원식을 빼서 을식 $x^4-2x^3-2x^3z+2x^2+4x^2z+x^2z^2-2xz-2xz^2(=0)$을 얻는다. 이 식에서 다시 x(갑식)을 빼서 병식
$x^3-3x^2-x^2z+x+3xz+2-z(=0)$을 얻는다. 다시 z(병식)에 갑식을 더하여 <정과 부는 서로 더하여 0이 되므로 정, 부가 모두 변하여 상쇄되어 같아진다> 정식 $x^3+x^2-2x^2z-2x+xz^2+2z-z^2(=0)$을 얻는다. 다시 x(갑식)을 빼서 무식 $-x^3+x^2z+3x+xz-2-3z-z^2(=0)$을 얻는다. 정식에서 무식을 빼서 기식
$2x^3+x^2-3x^2z-5x-xz+xz^2+2+5z$을 얻어, x(무식)을 더하여 경식 $-x^4+2x^3+x^3z+4x^2-2x^2z-7x-4xz+2+5z$을 얻고 다시 x(병식)을 더하여 신식 $-x^3+5x^2+x^2z-5x-5xz+2+5z(=0)$을 얻고, 또 이를 병식과 더하여 그 반인 우식 $x^2-2x-xz+2+2z(=0)$을 얻고 다시 병식 $-x$(우식)하여 임식 $-x^2-x+xz+2-z(=0)$을 얻고 다시 우식을 더하여 좌식 $-3x+4+z(=0)$을 얻고 이를 좌우로 늘어놓고 내이행을 곱하여 x^2-2x+2 외이행을 곱하여 $3x^2-10x+8$을 얻어 이들 내외 두 식을 상쇄하여 얻은 방정식 $2x^2-8x+6(=0)$을 풀어 구句를 얻는다.
앞의 좌식에서 인을 천의 자리로 바꾸어 $x-3y+4(=0)$을 얻고 이를 다시 좌식이라 하자. 또 앞의 우식에서 인을 천의 자리로 바꾸어 그를 3배하여 $3xy-6x-3y^2+6y-6(=0)$을 얻고 다시 y(좌식)을 빼서 우식 $2xy-6x+2y-6(=0)$을 얻고 이들을 좌우로 늘어놓고 내이행을 곱하여 $2x^2+10x+8$, 외이행을 곱하여 $18x+18$을 얻고 이들 내외 두 식을 상쇄하여 식 $-2x^2+8x+10(=0)$을 얻어 이를 풀어 현을 구한다. 현의 제곱에서 구의 제곱을 빼서 실이라 하고 이의 제곱근을 구하여 고를 얻는다.

法 立天元一爲句 地元一爲股 人元一爲弦 以天地相減爲句股較 1 太
-1

加人元爲弦較和　1　太　1　天人相減爲句弦較　太　1
　　　　　　　　　−1　　　　　　　　　　　　　−1

地人相減爲股弦較　−1　太　1　併天地人三元爲弦和和　1　太　1
　　　　　　　　　　　　　　　　　　　　　　　　　　　　1

天地相乘爲直積　0　太　以股弦較乘之得　0　太
　　　　　　　　1　0　　　　　　　　　　　1[a)]
　　　　　　　　　　　　　　　　　　−1　0　0

用消弦和和得今式　−1　太　−1
　　　　　　　　　　　1[a)]
　　　　　　　　−1　0　−1

次以天元乘句弦較得　太　0　消弦較和得云式　−1　太　1
　　　　　　　　　　　0　1　　　　　　　　　　　1　1
　　　　　　　　　　−1　　　　　　　　　　　　−1

又天元自之爲句冪　太　地元自之爲股冪　1　0　太　併之爲弦冪　1　0　太
　　　　　　　　　0　　　　　　　　　　　　　　　　　　　　　　　　0
　　　　　　　　　1　　　　　　　　　　　　　　　　　　　　　　　　1

以人元自之亦爲弦冪　太　0　1　相消得三元式　−1　0　太　0　1
　　　　　　　　　　　　　　　　　　　　　　　　　　0
　　　　　　　　　　　　　　　　　　　　　　　　　−1

以乘天元消今式得　−1　太　−1　於上
　　　　　　　　　　1[a)]
　　　　　　　　0　−1　0　−1
　　　　　　　　　　0
　　　　　　　　　　1

以人元乘云式 又以天元乘之得　0　太
　　　　　　　　　　　　　　　　1
　　　　　　　　　　　　　　　　　0　0　1
　　　　　　　　　　　　　　　　　0　−1　−1
　　　　　　　　　　　　　　　　　0　1

消上得　−1　太　−1　又消云式得　太　0　0　爲甲式
　　　　−1　0　−2　　　　　　　−2　−1　−2
　　　　0　1　1　　　　　　　　1　1　1
　　　　1　−1　　　　　　　　　1　−1

又剔分云式爲二(直截地元) 其右半

太	−1
1	1
−1	

自之得

太	0	1
0	−2	−2
1	4	1
−2	−2	
1		

其左半 1 太 自之得 1 0 太 相消得

−1	0	太	0	1
		0	−2	−2
		1	4	1
		−2	−2	
		1		

以三元式消之得

太	0	0
0	−2	−2
2	4	1
−2	−2	
1		

爲乙式 仍消甲式得

2	−1
1	3
−3	−1
1	

爲丙式

仍加甲式 <正負相加爲無數 故與正負全變相消等> 得

太	2	−1
−2	0	1
1	−2	
1		

爲丁式

又用消甲式得

−2	−3	−1
3	1	
0	1	
−1		

爲戊式 以消丁式

2	5	
−5	−1	1
1	−3	
2		

爲己式

以加戊式得

2	5
−7	−4
4	−2
2	1
−1	

爲庚式 仍加丙式得

2	5
−5	−5
5	1
−1	

爲辛式

又加丙式半之得右式

2	2
−2	−1
1	

仍消丙式得

2	−1
−1	1
−1	

爲任式

用加右式得左式　4　1　於是左右對列 內二行相乘得　2

　　　　　　　　　-3　　　　　　　　　　　　　　-2

　　　　　　　　　　　　　　　　　　　　　　　　　1

外二行相乘得　8　內外相消得式　6　開平方得句

　　　　　　-10　　　　　　　　-8

　　　　　　3　　　　　　　　　2

以前左式人易天位得　-3　4　仍爲左式　以前右式人易天位三之得

　　　　　　　　　　　　　1

-3　6　-6

　　　3　-6

以左式消之得右式　2　-6　於是左右對列 內二行相乘得　8　外二行

　　　　　　　　　2　-6　　　　　　　　　　　　　　10

　　　　　　　　　　　　　　　　　　　　　　　　　　2

相乘得　18

　　　　18

內外相消得式　10　開平方得弦 弦冪減句冪爲實 開平方得股

　　　　　　　8

　　　　　　-2

a) 전술한 사원술에 따르면 xyz의 계수는 태항太項과 z항 계수 사이와 태太 줄과 x 줄 사이에 들어가야 하는데, 『산학정의』에는 인용한대로 태항太項과 y항 계수 사이에 들어가는 것으로 시작하였다. 실제로 『산학정의』의 제12문, 즉 저자가 인용한 제13문의 바로 앞의 문제에서는 전술한 표현 방법을 사용하고 있다. 이는 『사원옥감』에서도 혼용하고 있는데, yz항과 xu항의 계수를 각각 $y=x$, 또는 $y=-x$ 방향으로 늘어놓는 것으로 논리적으로 전혀 문제가 없기 때문이다.

『사원옥감』에는 위의 문제에 대하여 초草와 보초補草가 주어져 있는데 초는 『산학정의』와 완전히 다른 방법으로 弦을 구하고 또 보초도 弦에 대한 방정식을 얻어내었다. 『산학정의』와 『익산』에서 취급하고 있는 방법과 비교하기 위하여 『사원옥감』의 초의 전문을 인용한다.

실제로 초草는 너무 많은 것을 생략하고 있어서 그 내용을 이해할 수가 없을 정도이다. 후에 청淸대에 많은 수학자들이 이들 생략된 내용을 이해하려고 연구하였다.

또 『산학정의』에서는 구句에 대한 방정식을 구하였는데, 『사원옥감』보다 『산학정의』의 문제해결 방법이 현대적인 방법과 훨씬 더 유사하다.

초는 다음과 같다.

句를 천원일($=x$), 股를 지원일($=y$), 弦을 인원일($=z$)으로 놓고 삼재상배, 즉 x, y, z에 관하여 주어진 조건을 이용하여 금식
$-x-xy^2+xyz-y-z$, 운식 $-x^2+x+xz-y-z$을 얻고
삼원식 $x^2+y^2-z^2$을 얻는다. 운식을 나누어 제곱하여 정리하고 두 식 모두에서 人을 天의 자리로 바꾸어 전식
$2x^2+x^2y-x+xy-xy^2-2+y+y^2$, 후식
$-2x^2+x^2y-2x+4xy-2xy^2+2y-2y^2+y^3$을 얻고 호은통분하여 상쇄하여 좌 $x^3-3x^2-x^2y-7x+3xy-6y+7y^2$,
우 $2x^4-15x^3-2x^3y-14x^2+5x^2y-13x+11xy-14+13y$를 얻고 내이행에서 $-2x^6+11x^5+10x^4-43x^3-146x^2-157x-78$, 외이행에서
$-2x^6+11x^5+14x^4-67x^3-130x^2-133x-98$을 얻고 이를 상쇄하여 4로 나누어 방정식 $x^4-6x^3+4x^2+6x-5(=0)$을 얻고 이 4차방정식을 풀어 현 5보를 얻는다.

草曰 立天元一爲句 地元一爲股 人元一爲弦 三才相配 求得今式

−1	太	−1
	1	
−1	0	−1

求得云式

−1	太	−1
1	1	
−1		

求得三元之式

1	0	太	0	−1
		0		
		1		

以云式剔二消之 二式皆人易天位 前得

1	1	−2太
−1	1	−1
0	1	2

後得	1	−2	2	太
	0	−2	4	−2
	0	0	1	−2

互隱通分相消 左得	7	−6	太	右得	13	−14太
		3	−7		11	−13
		−1	−3		5	−14
		0	1		−2	−15
					0	2

內二行得	−78	外二行得	−98	內外相消 四約之 得開方式	−5
	−157		−133		6
	−146		−130		4
	−43		−67		−6
	10		14		1
	11		11		
	−2		−2		

三乘方開之 得弦五步 合問

보조를 설명하면, 句를 천원일($=x$), 股를 지원일($=y$), 弦을 인원일($=z$)로 놓고, 지원에서 천원을 빼서 구고교 $y-x$를 얻고, 이에 인원을 더하여 현교화 $-x+y+z$을 얻는다. 인원에서 천원을 빼서 구현교 $z-x$를 얻고, 인원에서 지원을 빼서 고현교 $z-y$를 얻고, 천지인 3원을 더하여 현화화 $x+y+z$을 얻고, 또 天과 地를 곱하여 직적 xy를 얻어 이를 고현교와 곱하여 $xyz-xy^2$을 얻어, 현화화를 빼서 금식 $xyz-xy^2-x-y-z(=0)$을 얻는다.

다음에 천원과 구현교를 곱하여 $-x^2+zx$를 얻어 다시 현교화를 빼서 운식 $-x^2+zx+x-y-z(=0)$을 얻는다.

천원의 제곱 즉 구멱 x^2, 지원의 제곱 즉 고멱 y^2을 얻어 이들을 더하여 현멱 x^2+y^2을 얻고, 인원의 제곱이 바로 현멱이므로 이들을 상쇄하여 삼원식 $x^2+y^2-z^2(=0)$을 얻어 금식과 상쇄하여

($-x$(삼원식)−금식) 식

$-x^3+x+xz^2-xyz+y+z(=0)$ ……(i)을 얻어 상식으로 놓자.
운식에 인원을 곱하여 $-x^2z+xz+xz^2-z^2-yz(=0)$ ……(ii)를 얻어 상식을 소거하여, 즉 (ii) $x-$(i)에서
$x^3-x^3z+x^2z+x^2z^2-x-2xz^2-y-z(=0)$ ……(iii)을 얻고 다시 운식을 소거하여, 즉 (iii)$-$운식에서
$x^3-x^3z+x^2+x^2z+x^2z^2-2x-xz-2xz^2(=0)$을 얻어 x를 소거한 후에 人의 자리를 天의 자리로, 즉 x를 y, y를 z, z을 x로 바꾸어 전식 $-2x^2+xy-x+xy-xy^2-2+y+y^2(=0)$을 얻는다.
운식을 지원에서 세로로 나누어 그 오른쪽 $-x^2+x+xz-z$을 제곱하여 $x^4-2x^3-2x^3z+x^2+4x^2z+x^2z^2-2xz-2xz^2+z^2$을 얻어 위에 놓고, 운식의 왼쪽 $-y$를 제곱하여 y^2을 얻어 이를 위에 놓은 식으로 빼서 식 $-x^4+2x^3+2x^3z-x^2-4x^2z-x^2z^2+2xz+2xz^2+y^2-z^2(=0)$을 얻어 이를 삼원식에서 빼서
$x^4-2x^3-2x^3z+2x+4xz+xz^2-2xz-2xz^2(=0)$을 얻어 人의 자리를 天의 자리로 바꾸어 후식
$-2x^2+x^2y-2x+4xy-2xy^2+2y-2y^2+y^3(=0)$을 얻는다.
이를 전식의 좌행으로 곱하여
$2x^3-x^3y-3x^2y+2x^2y^2-2x+2xy-xy^3+2y-2y^2+y^3(=0)$을 얻어서
다시 y(전식)을 빼서 $2x^3-x^3y-x^2y+x^2y^2-2x+3xy-xy^2+4y-3y^2$ $(=0)$을 얻고 다시 전식으로 소거하여, 즉 (전식)x를 더하여
$-x^2-4x+4xy+y-3y^2(=0)$을 얻는다. 이를 다시 전식의 좌행을 곱하여 $x^3+3x^2-4x^2y-4x+3xy^2+4y-3y^2(=0)$을 얻는다.
전식을 3배하여 $-6x^2+3x^2y-3x+3xy-3xy^2-6+3y+3y^2(=0)$을 얻어 위의 식과 더하여 좌식 $x^3-3x^2-x^2y-7x+3xy-6+7y(=0)$을 얻고 이의 좌행으로 전식을 곱하여
$2x^4-x^4y-5x^3+2x^3y+x^3y^2-15x^2+9x^2y$
$-4x^2y^2-13x+10xy-4xy^2-14+7y+7y^2(=0)$을 얻고 또 전식의 좌행으로 좌식을 곱하여 $-x^4+4x^3+x^3y+4x^2-4x^2y-x-4xy-6+7y(=$

0)을 얻어 위의 식과 상쇄하여 우식

$2x^4-5x^3-2x^3y-15x^2+5x^2y-13x+11xy-14+13y(=0)$을 얻는다.

좌우 두 식을 차례로 늘어놓고 내이행을 곱하여

$-2x^6+11x^5+10x^4-43x^3-146x^2-157x-78$, 외이행을 곱하여

$-2x^6+11x^5+14x^4-67x^3-130x^2-133x-98$을 얻어 이를 상쇄하고 4로 나누어 $x^4-6x^3+4x^2+6x-5(=0)$을 얻어 이 4차방정식을 풀어 5보를 얻는다.

補草曰 立天元一 太 爲句 地元一 1 太 爲股 人元一 太 1 爲弦
1

以天元減地元得 1 太 爲句股較 與人元相加得 1 太 1 爲弦較和
−1 −1

以天元減人元得 太 1 爲句弦較 以地元減人元得 −1 太 1
−1

爲股弦較

併天地人三元得 1 太 1 爲弦和和 天地相乘得 0 太 爲直積
1 1 0

以股弦較乘之得 0 太 與弦和和相消得 −1 太 −1 今式
1 1
−1 0 0 −1 0 −1

次以天元與句弦較相乘得 太 0 消弦較和得 −1 太 −1 爲云式
0 1 1 1
−1 −1

乃以天元自之得 太 爲句冪 地元自之得 1 0 太 爲股冪 併二冪得
0
1

1 0 太 爲弦冪
0
1

副以人元自之得 太 0 1 亦弦冪 相消得 1 0 太 0 −1
0
1

爲三元式

消今式得　1　太　1　於上
　-1
0　1　0　1
　0
　-1

人元乘云式得　-1　消上得　-1　太　-1　0
0　太　0　1　-1　0　-2
0　1　1　0　1　1
0　-1　1　-1

又消云式得　太　0　0　人易天位得　1　1　-2太　爲前式
-2　-1　-2　-1　1　-1
1　1　1　1　-2
1　-1

云式剔分爲二(直截地元)　其右半　太　-1　自之得　太　0　1
1　1　0　-2　-2
-1　1　4　1
-2　-2
1

於上 其左半

1　太　自之得　1　0　太　消上得　1　0　太　0　-1　消三元式得
0　2　2
-1　-4　-1
2　2
-1

太　0　0　人易天位得　1　-2　-2　太　爲後式 以前式左行齊之得
0　-2　-2　-2　4　-2
2　4　1　1　-2
-2　-2
1

1	−2	2	太	以消前式得	−3	4	太	又以前式消之得
−1	0	2	−2		−1	3	−2	
	2	−3	0		1	−1	0	
		−1	2			−1	2	

−3	4	太	復以前式左行齊之得	−3	4	太
	4	−4		3	0	−4
		−1			−4	3
						1

三因前式得	3	3	−6太	消之得	7	−6太	爲左式
	−3	3	−3		3	−7	
		3	−6		−1	−3	
						1	

以左行齊前式得	7	7	−14	又以前式左行齊左式得	7	−6
	−4	10	−13		−4	−1
	−4	9	−15		−4	4
	1	2	−5		1	4
		−1	2			−1

相消得	13	−14太	爲右式 左右對列 內二行相乘得	−78
	11	−13		−157
	5	−15		−146
	−2	−5		−43
		2		10
				11
				−2

外二行相乘得	−98	內外相消 四約之得	−5	開三乘方 得五步 合問
	−133		6	
	−130		4	
	−67		−6	
	14		1	
	11			
	−2			

위에서 언급한 가령사초假令四草는 『사원옥감』의 전체 내용에 대한 예제이다. 이는 또 1원 고차방정식부터 4원 고차방정식까지 정리하고 각각의 경우에 대한 천원술天元術에서 사원술四元術까지의 예를 들고 있어서 『사원옥감』 전체에 대한 조감이 가능하므로 나머지 세 경우를 첨부하여 송·원宋元대의 대수학의 발전을 이해하는데 도움이 되도록 한다.

일기혼원一氣混元

직각삼각형의 내접원의 지름과 직적을 곱하면 24보이고 또 고현화가 9보일 때 句는 얼마인가? 답 3보.
今有黃方乘直積 得二十四步 只云股弦和九步 問 句幾何 答曰 三步

초로 句를 천원일($=x$)로 놓고 주어진 조건을 써서 162배의 황방과 직적을 곱하여 식 $x^5-9x^4-81x^3+729x^2(=0)$을 얻고, 162와 원적을 곱하여 상쇄하여 방정식 $x^5-9x^4-81x^3+719x^2-3888(=0)$을 얻고 이 5차방정식을 풀어 句 3보를 얻는다.

草曰 立天元一爲句 如積求之 得一百六十二箇黃方乘直積式 太
0
729
−81
−9
1

以一百六十二乘元積 相消得開方式 −3888 四乘方開之 得句三步 合問
0
719
−81
−9
1

보충 초는 다음과 같다. 句를 천원일($=x$)로 놓고 제곱하여 구멱 x^2을 얻어 고현화 9보로 나누면 고현교를 얻는다(股를 y, 弦을 z으로 놓으면 $\frac{x^2}{y+z}=\frac{z^2-y^2}{y+z}=z-y$). 나눗셈을 하는 대신 $x^2=9(z-y)$로 본다. 천원을 9배하여 $9x$를 얻어 9배의 고현교를 빼면 $9x-x^2=9(x-(z-y))=9(x+y-z)$이 되어 9배의 황방이 된다(직각삼각형의 내접원의 지름인 황방은 $x+y-z$이다). 9보를 9배하면 81보가 되는데, 이는 주어진 조건에서 9배의 고현화 $9(y+z)=81$이고 이를 9배의 고현교로 빼서 $81-x^2$을 얻는다. 18배의 股와 천원인 句를 곱하여 $81x-x^3(=x(81-x^2)=x(18y)=18xy)$를 얻고 이는 18배의 직적이다. 이를 9배의 황방을 곱하여 $x^5-9x^4-81x^3+729x^2$을 얻고 이는 162배의 황방과 직적의 곱이 되고 좌변에 놓자. 162와 24보의 곱은 3888보이고 위의 좌변과 같으므로 상쇄하여 $x^5-9x^4-81x^3+729x^2-3888(=0)$을 얻어 이 5차방정식을 풀어 3보를 얻는다.

補草曰 立天元一 太 爲句 自之得 太 爲句冪

1	0
	1

合以股弦和九步除之爲股弦較

今不除便以 太 爲九箇股弦較 副以九通天元得 太 爲九箇句

0	9
1

以九箇股弦較減之

得 太 爲九箇黃方 以九通九步 得八十一步爲九箇股弦和

9
−1

以九箇股弦較減之

得 81 以十八箇股乘天元句得 太 爲十八箇直積

0	81
−1	0
	−1

以九箇黃方乘之得 太

0

729

-81

-9

1

爲黃方乘直積寄左 乃以一百六十二通二十四 得三天八百八十八步 爲同數與左 相消得 −3888 開四乘方 得三步 合問

0

729

−81

−9

1

양의화원兩儀化元

직각삼각형에서 股의 제곱에서 현교교를 뺀 것은 股와 句의 곱과 같고, 또 句의 제곱과 현교화를 더한 것은 句와 弦의 곱과 같다. 股는 얼마인가? 답 4보
今有股冪減弦較較與股乘句等 之云句冪加弦較和與句乘弦同 問股幾何
答曰 四步

초는 다음과 같다. 股를 천원일 $(=x)$)로 구현화를 지원일$(=y)$로 놓고 천지배합하여 금식 $x^3+2x^2y+2xy-xy^2-2y^2(=0)$을 얻고 또 운식 $x^3+2xy-xy^2+2y^2(=0)$을 얻어 호은통분하고 내2행을 곱하여 $4x^2+8x$, 외2행을 곱하여 x^3+2x^2을 얻어 이를 상쇄하여 구한 2차방정식 $x^2-2x-8(=0)$을 풀어 股 4보를 얻는다.
草曰 立天元一爲股 地元一爲句弦和 天地配合求之 得今式

−2	0	太
−1	2	0
0	2	0
0	0	1

求到云式	2	0	太	互隱通分消之 內二行得式	太	外二行得	太
	−1	2	0		8		0
	0	0	0		4		2
	0	0	1				1

兩位相消 得開方式	−8	平方開之 得股四步 合問
	−2	
	1	

보충 초는 다음과 같다. (직각삼각형의 句, 股, 弦을 각각 a, b, c라 하자.) 股를 천원일($=x=b$), 구현화를 지원일($=y=a+c$)로 놓고, 천원을 제곱하여 고멱 x^2을, 지원에서 천원을 빼서 $y-x=a+c-b$, 즉 현교교를 얻어 이를 고멱에서 빼면 $x^2+x-y(=b^2-(c-(b-a))$를 얻고 이는 주어진 첫 번째 조건에서 句와 股의 곱($=ab$)이 된다. 이를 股로 나누어 句 $x+1-yx^{-1}$을 얻고, 또 지원에서 이를 빼서 $y-a=(a+c)-a=c$, 즉 弦 $-x-1+y+yx^{-1}$을 얻고 이를 제곱하여 현멱 $x^2+2x-2xy+1-4y+y^2-2yx^{-1}+2y^2x^{-1}+y^2x^{-2}$을 얻는다. 또 句를 제곱하여 구멱 $x^2+2x+1-2y-2yx^{-1}+y^2x^{-2}$을 얻고 구고의 제곱을 더하여 $2x^2+2x+1-2y-2yx^{-1}+y^2x^{-2}$을 얻고 현멱과 상쇄하여 $x^3+2x^2y+2xy-xy^2-2y^2(=0)$을 얻고 이를 금식이라 하자. 또 고멱을 지원으로 나누어 x^2y^{-1}을 얻고 이는 구현교이다 $\left(\frac{b^2}{a+c}=\frac{c^2-a^2}{a+c}=c-a\right)$. 이에 지원을 더하여 $x^2y^{-1}+y$를 얻는데 이는 두 배의 弦 $((c-a)+(c+a))$이다. 지원에서 구현교를 빼서 $-x^2y^{-1}+y$를 얻고 이는 두 배의 句 $((c+a)-(c-a))$이다. 이들을 서로 곱하여 4배의 句와 弦의 곱 $-x^4y^{-2}+y^2$을 얻어 위에 놓자. 또 두 배의 句를 제곱하여 4배의 구멱 $-x^4y^{-2}-2x^2+y^2$을 얻는다. 천원과 지원을 더하여 현화화 $x+y$를 얻고, 또 두 배의 句를 빼서 현교화 $x^2y^{-1}+x$를 얻고 다시 4배하여 $4x^2y^{-1}+4x$를 얻고 4배의 구멱을 더하여 $x^4y^{-2}-2x^2+4x^2y^{-1}-2x^2+4x+y^2$을 얻어 위에 놓은 식과

상쇄하여 $2x^4y^{-2}-2x^2+4x^2y^{-1}+4x(=0)$를 얻는데 2로 나눌 수 있으므로, 나누어 ($\frac{1}{2}\times$(위의 식) $\times\frac{y^2}{x}$) $x^3+2xy-xy^2+2y^2(=0)$을 얻고 운식이라 하자.

금식과 소거하여 $2x^2-4y(=0)$를 얻고 2로 나누어 $x^2-2y(=0)$를 얻어 우식이라 하자. 금식을 소거하여 $-2x^2-4x+xy+2y(=0)$를 얻고 좌식이라 하자.

좌우 두 식을 나란히 늘어놓고 내이행을 곱하여 $4x^2+8x$, 외이행을 곱하여 x^3+2x^2을 얻어 내외 상쇄하여 $x^2-2x-8(=0)$을 얻어 이를 풀어 4보를 얻는다.

補草曰 立天元一 太 1 爲股 地元一 1 太 爲句弦和 天元自之得 太 0 1 爲股冪

地元減天元得 1 太 −1 爲弦較較 以減股冪得 −1 太 1 1 爲句乘股

以股除之得 −1 0 / 1太 / 1 爲句 以減地元得 1 0 / 1 −1太 / −1 爲弦 自之得

1 0 0 爲弦冪
2 −2 0
1 −4 1太
−2 2
1

副以句自之得 1 0 0 / −2 0 / −2 1太 / 2 / 1 爲句冪 乃併句股二冪得 1 0 0 / −2 0 / −2 1太 / 2 / 2

與弦冪相消得	−2	0	太	爲今式 次以地元除股冪得	太	0
	−1	2	0		0	0
		2	0		0	1
			1			

爲句弦較

加地元得	1	太	0	爲倍弦 以句弦較減地元得	1	太	0	爲倍句
		0	0			0	0	
		0	1			0	−1	

相乘得	1	0	太	0	0	爲四段句乘弦 於上副以倍句自之得
					0	
					0	
					0	
					−1	

1	0	太	0	0	爲四段句冪 又以天元加地元得	1	太	爲弦和和
		0	0	0			1	
		−2	0	0				
				0				
				−1				

減倍句得	太	0	爲弦較和
	1	0	
		1	

四之得	太	0	爲四段弦較和 加四段句冪得	1	0	太	0	0
	4	0				4	0	0
		4				−2	4	0
								0
								1

與上位相消得	太	0	0	可半則半之得	2	0	太	爲云式
	4	0	0		−1	2	0	
	−2	4	0		0	0	0	
			0		0	0	1	
			2					

消今式得	−4 太	半之得	−2 太	爲右式	消今式得	2	太	爲左式
	0		0			1	−4	
	2		1				−2	

左右對列 內二行相乘得	太	外二行相乘得	太	內外相消得	−8	
	8		0		−2	
	4		2		1	
			1			

開平方得四步 合問

사상회원四象會元

직각삼각형에서 股와 오교五較를 곱한 것은 弦의 제곱과 句와 弦의 곱을 더한 것과 같다. 또 오화五和를 句로 나눈 것은 고멱股冪에서 구현교를 뺀 것과 같다. 황방黃方과 句, 股, 弦을 더한 것은 얼마인가?
답은 14보이다.
今有股乘五較與弦冪加句乘弦等 只云句除五和與股冪減句弦較同
問黃方帶句股弦共幾何 答曰 一十四步

초는 다음과 같다. 句를 천원일($=x$), 股를 지원일($=y$), 弦을 인원일($=z$), 구하는 수를 물원일($=u$)로 놓고 사상화회하여 금식 $x-2y+z(=0)$, 운식 $-x^2+2x-xy^2+xz+4y+4z(=0)$, 3원의 식 $x^2+y^2-z^2(=0)$을 얻고, 또 물원의 식 $2x+2y-u(=0)$를 얻고 사식화회하고 그것을 척(剔)하여 소거하고, 物을 天의 자리로 바꾸어 전식 $-x^2-2x+7xy-xy^2+28y-8y^2+2y^3(=0)$, 후식 $2x-7y(=0)$를 얻어, 좌행으로 보고, 좌행으로 후식을 소거하여 $-4x^2+3x+8xy+294(=0)$, 우행으로 보아 내이행에서 $16x^2$ 외이행에서 $28x^2-21x-2058$을 얻고 이들을 상쇄하여 3으로 나누어 얻은 2차방정식 $4x^2-7x-686(=0)$을 풀어 14보를 얻는다.

草曰 立天元一爲句 地元一爲股 人元一爲弦 物元一爲開數 四象和會求之
得今式 −2 太 1 句得云式 0 4 太 4 求得三元之式
0 1 0 −1 0 2 1
0 0 −1 0
1 0 太 0 −1 求得物元之式 0 −1 0 四式和會 消以剔之
0 0 0 0 0 2 太 0
0 0 1 0 0 0 2 0
式皆物易天位 得前式 2 −8 28 太 後式 −7 太 便爲左行
0 −1 7 −2 0 2
0 0 0 −1
以左行消後式 0 294 便爲右行 內二行得式 0 其外二行得式
8 3 0
0 −4 16

−2058 內外二行相消 三約得開方式 −686 平方開之得一十四步 合前問
−21 −7
28 4

보충 초는 다음과 같다. 句를 천원일($=x$), 股를 지원일($=y$), 弦을 인원일($=z$), 구하는 수를 물원일($=u$)로 놓고, 천원의 제곱인 구멱 x^2, 지원의 제곱인 고멱 y^2, 인원의 제곱인 현멱 z^2을 얻는다.

지원에서 천원을 빼서 구고교 $y-x$, 천원과 지원을 더하여 구고화 $x+y$, 인원에서 천원을 뺀 구현교 $z-x$, 천원과 인원의 합인 구현화 $x+z$, 인원에서 지원을 뺀 고현교 $z-y$, 지원과 인원의 합인 고현화 $y+z$, 구고화에서 인원을 뺀 현화교 $x+y-z$, 인원과 구고화를 더한 현화화 $x+y+z$, 인원에서 구고교를 뺀 현교교 $x-y+z$, 구고교와 인원의 합인 현교화 $-x+y+z$을 얻는다. 다섯 가지 교를 더한 오교 $2z(=(y-x)+(z-x)+(z-y)+(x+y-z)+(x-y+z))$과 股를 곱하여 $2yz$을 얻어 왼쪽에 두자. 天과 人을 곱하여 구승현 xz을 얻고 이를 弦의 제곱과 더하여 $xz+z^2$을 얻어 위의 왼쪽에 둔 식을 빼서

$xz+z^2-2yz(=0)$을 얻어 인원으로 나누어 $x+z-2y(=0)$를 얻어 금식이라 하자.

다섯 가지 和를 더한 五和 $2x+4y+4z$을 얻어 句로 나누어 $2+4yx^{-1}+4zx^{-1}$을 얻어 왼쪽에 두자. 고멱에서 구현교를 빼서 $y^2-(z-x)$를 얻어 x(왼쪽에 둔 식)을 빼서 $-x^2+2x-xy^2+xz+4y+4z(=0)$을 얻어 운식이라 하자.

句와 股의 제곱을 더하여 x^2+y^2을 얻어 弦의 제곱을 빼서 삼원식 $x^2+y^2-z^2(=0)$을 얻는다.

현화교, 즉 황방 $x+y-z$과 구고현을 더한 $2x+2y(=(x+y-z)+(x+y+z))$는 물원이므로 $2x+2y-u(=0)$를 얻어 이를 물원식이라 하자.

物을 天의 자리로 바꾸어 $-x+2y+2u(=0)$를 얻어 물원에서 옆으로 나누어 그 상반 $2y+2u$를 제곱하여 $4y^2+8yu+4u^2$, 그 하반 $-x$를 제곱하여 x^2을 얻어 상쇄하여 $-x^2+4y^2+8yu+4u^2(=0)$을 얻어 차식이라 하자.

운식의 우행을 금식에 곱하여 $x^2+4x-2xy+xz-8y+4z(=0)$을 얻어 운식을 빼서 $2x^2+2x-2xy+xy^2-12y(=0)$를 얻어 物을 天의 자리로 바꾸어 $-12y+2u-2yu+y^2u+2u^2(=0)$을 얻고 또 2배를 하여 $-24y+4u-4yu+2y^2u+4u^2(=0)$을 얻어 차식에서 빼서 $-x^2+24y+4y^2-4u+12yu-2y^2u(=0)$를 얻는다. 물원식(物을 天의 자리로 바꾼 식)의 2배인 $-2x+4y+4u(=0)$를 위의 식과 합하여 $-x^2-2x+28y+4y^2+12yu-2y^2u(=0)$를 얻고, 다시 물원식으로 소거하여 (위의 식 $+y^2$(물원식)), $-x^2-2x-xy^2+28y+4y^2+2y^3+12yu(=0)$를 얻고, 물원식의 6배인 $-6x+12y+12u(=0)$를 y배 하여 빼서 $-x^2-2x+6xy-xy^2+28y-8y^2+2y^3(=0)$을 얻어 전식이라 하자. 금식을 인원에서 세로로 나누어 그 오른쪽 반인 z을 제곱하여 z^2을 위

에 놓고 그 왼쪽 반인 $x-2y$를 제곱하여 $x^2-4xy+4y^2$을 얻어 위의 식과 상쇄하여 $x^2-4xy+4y^2-z^2(=0)$을 얻어 삼원식에서 빼서 y로 나누어 $4x-3y(=0)$를 얻어, 物을 天의 자리로 바꾸어 $-3y+4u(=0)$를 얻는다. 물원식의 2배인 $-2x+4y+4u(=0)$를 빼서 $2x-7y(=0)$을 얻어 후식이라 하고 또 편의상 좌식이라 하자. 전식과 합하여 $-x^2+6xy-xy^2+21y-8y^2+2y^3(=0)$을 얻고, 후식의 우행을 곱하여 x로 나누어 $-2x^2+12xy-2xy^2+42y-16y^2+4y^3(=0)$을 얻어 x(후식)과 더하여 y로 나누어 $5x-2xy+42-16y+4y^2(=0)$을 얻어 재식이라 하자. 재식의 우행을 후식에 곱하여 부호를 바꾸어 $-10x^2-84x+35xy+294y(=0)$를 얻고, 또 후식의 우행을 (-1)(재식)에 곱하여 $-10x+4xy-84+32y-8y^2(=0)$을 얻어 x를 곱하여 위의 식에서 빼서 y로 나누어 $-4x^2+3x+8xy+294(=0)$를 얻어 우식이라 하자. 좌식과 우식을 늘어놓고 내이행을 곱하여 $16x^2$, 외이행을 곱하여 $28x^2-21x-2058$을 얻어 내외 두 식을 상쇄하여 3으로 나누어 얻은 방정식 $4x^2-7x-686(=0)$을 풀어 14보를 얻는다.

補草曰 立天元一 太 爲句 地元一 1 太 爲股 人元一 太 1 爲弦
1

物元一 1 爲開數 天元自之得 太 爲句冪 地元自之得 1 0 太
太 0
1

爲股冪 人元自之得 太 0 1 爲弦冪 以天元減地元得 1 太 爲句股較
−1

以天元加地元得 1 太 爲句股和 以天元減人元得 太 1 爲句弦較
1 −1

以天元加人元得 太 1 爲句弦和 以地元減人元得 −1 太 1
1

爲股弦較 以地元加人元得 1 太 1 爲股弦和

以人元減句股和得 1 太 1 爲弦和較 以人元加句股和得 1 太 1
1 1

爲弦和和 以句股較減人元得 －1 太 1 爲弦較較 以句股較加人元得
1
1 太 1 爲弦較和 併五較和 太 2 以股乘之得 2
－1 0 太
寄左 天人相乘得 太 0 爲句乘弦 加弦羃得 太 0 1
0 1 0 1 0
消左得 2 以人元除之得 －2 太 1 爲今式
0 太 0 1 1
0 1
併五和得 4 太 4 以句除之得 4 0 4 [a] 寄左 以句弦較減股羃得
2 2太
1 0 太 －1 消左得 4 太 4 爲云式 併句股二羃得 1 0 太
1 －1 0 2 1 0
－1 1
消弦羃得 1 0 太 0 －1 爲三元式 弦和較 1 太 －1
0 1
1
卽黃方加句股弦得 2 太 消物元式 －1 爲物元式 物易天位得
2 2 太 0
2
2 乃剔分爲二(橫截物元) 其上半 2 自之得 4 於上
2 太 0 2 太 8 0
－1 4 0 太
其下半 太 自之得 太 消上得 4 爲次式 副以云式右行齊今式得
－1 0 8 0
1 4 0 太
0
－1
－8 太 4 消云式得 0 －12 太 物易天位得 0 2 倍之得
－2 4 1 1 －2 2 1 －2 2
1 2 0 －12 太

0　4　消次式得　−2　12　−4　又倍物元式得　4　消之得
2　−4　4　4　24　太　4　太
0　−24　太　0　−2
−1

−2　12　0　又以物元式消之得　0　0　12　0　又六因物元式得　12
4　28　太　2　4　28　太　12　太
−2　−1　0　−2　−6
−1　−1

消之得　2　−8　28　太　爲前式　今式剔分爲二(直截人元)　其右半　太 1
−1　6　−2
−1

自之得　太　0　1　於上　其左半　−2　太　自之得　4　0　太　消上得
1　−4　0
1

4　0　太　0　−1　消三元式得　−3　太　物易天位得　4　倍物元式得
−4　0　4　−3　太
1

4　消之得　−7　太　爲後式　便爲左式消前式得　2　−8　21　太
4　太　2　−1　6　0
−2　−1

以後式右行齊之得　4　−16　42　太　消後式得　4　−16　42　爲再式
−2　12　0　−2　5
−2

以右行齊後式得 294　太　又以後式右行齊再式得　−8　32　−84 相消得
35　−84　4　−10
−10

0　294　爲右式　左右對列　內二行相乘得　0　外二行相乘得　−2058
8　3　0　−21
−4　16　28

內外相消 以三約之得 $\begin{matrix}-686\\-7\\4\end{matrix}$ 開平方得 一十四步 合問

a) 이 식의 표시는 사원술四元術로 읽으면 $2+4yu+4zu$이지만 실제로는 $2+4yx^{-1}+4zx^{-1}$을 나타내고 있다. 즉 위의 양의화원兩儀化元에서 설명한 대로 태太항의 위쪽은 음의 지수 항을 나타내는 것이다. 따라서 한 문제에서 다항식의 표현이 통일되지 않고 있으므로, 대응되는 문장과 함께 다항식 표현을 읽어야 한다.

(16-3) 대저 연립방정식과 다원 방정식에서는 절대값이 같은 정부 두 수로 상쇄하고, 복잡한 것을 정리하여 간단하게 하는 바이므로 반드시 서로 곱하여 정리하는데, 같은 것은 빼서 0으로 만드는 것이 바로 소거하는 바이다.
어떤 층 어떤 행에서 원래 같은 것이 있을 수 있더라도, 서로 곱하여 소거하는 법칙을 쓰는 것은 말할 것도 없이 당연하다. 이미 그 수와 정부를 서로 곱하여 정리한 후에 같은 부호는 빼고 다른 부호는 더할 수 있다는 것, 즉 두 식을 빼는 것은 이미 앞에서 자세히 논의하였다. 지금은 더욱 간단하고 빠른 방법을 택하여 보자. 만약 서로 다른 부호를 만나면 바로 소거할 수 있다. 즉 다른 부호는 빼고 같은 부호는 더하는 것, 즉 두 식을 더하는 것이다. 따라서 『구장산술』 방정술에도 역시 다른 부호는 빼고 같은 부호는 더하라고 말하였다.

凡方程及多元[1)]之以正負相當兩數相消者
所以約繁就簡 故必用互乘齊之
使之減盡 而所消之 或層或行 本自相等者
雖用直消互乘之理 默自賦焉
旣互乘以齊其數及正負 則可以同減異加 前已論之詳矣
然今取簡捷之訣 若遇異名之可以直消者
則直用異減同加
故九章算術方程術亦云 異名相除 同名相益也[2)]

1) 『산학정의』算學正義에서는 천원술을 천원일天元一과 다원多元 두 장으로 나누어 취급하는데, 천원일天元一은 1원 고차방정식을 다루고, 다원多元은 천, 지, 인, 물원 등을 가지는 고차다항식을 취급한 장이다. 따라서 다원은 현재 고차 연립방정식을 뜻하고 방정은 연립 1차방정식을 의미한다.

2) 위에서 언급한 대로 『구장산술』의 정부술에서 이 문장은 두 수의 덧셈을 의미하는데 저자가 말하고 있는 이유, 즉 두 식에서 소거할 대상이 서로 다른 부호를 가질 때 두 식을 더하면 된다고 설명하는 것은 정부술의 덧셈에서 그 부호에 따라 덧셈이 결정되는 것과 차이가 있다.

[17] 적절한 곳에서 바꾸더라도 항상 정부상당식에서 벗어나면 안 된다.

惟變所適 摠不離於正負相當之數也

(17-1) **정부가 같지 않으면 식이 이루어지지 않으므로, 그렇지 않은 경우에는 서로 곱하여 같게 하고, 또 자리수가 다른 경우에도 척분의 방법을 써서 같게 하여야 한다.**
때로는 곱하거나 나누고, 또 때로는 더하거나 빼서 결국은
정부상당식으로 바꾸어야 한다. 정부상당식이 이루어지면 연산을 통하여 늘리거나 약분을 통하여 간단하게 할 수 있어 못 이룰 것이 없다.

正負不相當 則不能成算例 故數之不齊者 互乘以齊之
位之不等者 剔分以等之
或乘或除 或加或減 終歸於正負相當之數
而亦惟正負之數相當
故演之約之 無不如意也

[18] 그 법과 실이 다른 부호라도 그 수는 반드시 같아야 한다.
따라서 교종, 화종, 감종을 구별할 수 있고,
익적과 번적의 변화를 알 수 있다.

惟其法實異名 而數必相當 故可以辨較從和從減從[1]之常
可以審益積翻積之變

1) 2차방정식의 형태를 말하는데 아래 저자의 주에 설명되어 있다.

(18-1) 교종이란 실 (=상수항)**이 정이고 법이 부인 경우이므로 염** (=1차항)**과 우** (2차항)**의 합과 실이 같아야 한다.**
화종이란 염이 정이고 실과 우가 부인 경우로 실과 우의 합이 염과 같아야 한다.
감종이란 우가 정이고 실과 염이 부인 경우로 실과 염의 합이 우와 같아야 한다.
익적은 감종의 변형이고 번적은 화종의 변형이다.
우가 정이고 교<즉 염>가 초상보다 큰 경우가 익적이 되고
염이 정이고 교<즉 실>가 초상보다 적은 경우가 번적이 된다.
그 이치는 모두 같더라도 단지 같은 부호이거나 다른 부호인가에 따라 가감하는 것을 미리 짐작할 수 없다.
두 변의 차이가 주어진 2차방정식은 교종이 되고, 먼저 긴 변을 구하는 것이 감종이고, 두 변의 합이 주어진 이차방정식은 화종이 된다.
천원술이나 다원술을 써서 방정식을 얻어낼 때 많은 경우에 면, 체 형식으로는 되지 않는다.
3차방정식 이상은 위와 같은 형식론이 없지만 반드시 수의 정부를 구별하여야 한다.

較從[1]者 實爲和 而法爲較 故併廉隅以當實也
和從[2]者 從廉爲和 而實與隅爲較 故併實與隅 以當從廉也
減從[3]者 隅爲和 而實與從廉爲較 故併實與從廉 以當隅也
益積卽減從之變例 翻積卽和從之變例[4]

和在隅 而較<卽廉也>大於初商 則爲益積[5]
和在廉 而較<卽實也>小於初商 則爲翻積[6]
其理如是 然惟視同名異名加減 而不容預定也
在平方有長闊較則爲較從 而先求長則爲減從 有長闊和則爲和從
然天元多元術之所得開方式 多不合於面體形式
立方以上 尤不可以形式論 故必辨之於數之正負也

1), 2), 3) 위에서 언급한 대로 이는 모두 2차방정식의 종류인데『산학정의』에 있는 내용을 종합하고 있다.『산학정의』에서는 2차방정식은 먼저 제곱근을 구하는 방법인 개평방법은 위에서 설명한 것과 같고 이어서 일반 2차방정식, 즉 대종평방법에 대하여 설명하고 있다.

대종평방이란 직사각형이다. 변으로 넓이를 구하는데 이는 두 변(장長은 긴 변, 활闊은 짧은 변)의 곱이다. 넓이를 알고 변을 구하려면 반드시 두 변의 차(=장활교長闊較)나 두 변의 합(=장활화長闊和)를 알아야만 하고 그런 다음에야 방정식을 사용할 수 있다. 따라서 이를 대종이라 부른다.
帶縱平方者長方之面也 以邊求積 則長闊相乘 而以積求邊也 必帶長闊較或長闊之和 然後加用開方 故爲帶縱

따라서 이들이 취급하는 2차방정식은 두 변의 길이 x, y에 대하여, 다음 두 조건을 만족하는 2차방정식이다 $(0 < y < x)$.

$$\begin{cases} x-y=a \\ xy=b \end{cases} ; \quad \begin{cases} x+y=a \\ xy=b \end{cases} \quad (0 < a, b)$$

처음 경우부터 먼저 취급하면 다음과 같은 두 개의 방정식을 얻는다.

$$-y^2-ay+b=0 \quad (A)$$

$$x^2-ax-b=0 \quad (B)$$

이때, (A)를 교종 또는 교수대종법이라 하고 (B)를 감종 또는 감종평방법이라 한다. 즉 (A)의 경우 $b=y^2+ay$, (B)의 경우 $x^2=ax+b$이다.
특히 (B)를 감종평방법이라 하는 이유는 x를 구한 후에 $y=x-a$, 즉 x에서 장활교 a를 빼면 y가 되므로 이를 감종평방법이라고 하였다.

장활화가 주어진 두 번째 경우는 x와 y는 다음 방정식의 근이다.

$$-x^2+ax-b=0 \qquad \text{(C)}$$

이를 화종이라 하고 $ax=x^2+b$이다.

물론 (A), (B), (C) 모두 부호를 전부 바꾸어도 같은 방정식이 되지만 각 경우를 구별하는 방법으로는 매우 좋은 방법이다. 실제로 이와 같이 구별하는 중요한 이유는 **(5-4)**의 주 1)에서 지적한 기하적인 의미도 있지만, 그들의 풀이 방법을 통일하기 위한 것이다. 이미 앞에서 예로 든 『수서구장』의 방정식은 계수의 정부 표시를 제대로 하고 증승개방법을 써서 방정식을 풀었는데, 『산학정의』에서 이들 2차방정식을 푸는 방법을 설명하는데 이 세 경우 모두 2차항의 계수는 1, 1차항의 계수는 a, 상수항은 b로 놓고(法列 b爲實於上列 較(和) a爲縱廉於次置隅法一算於下), 즉 계수의 정과 부는 정해져 있는 것으로 되어 있어서 이를 나타내지 않고 있어서, 문제를 보지 않고는 세 종류의 방정식을 구별할 수 없게 되어 있다. 이 방법은 중국의 산서에서 시작하여 거의 모든 산서에 나타나고 있다. 이들 방정식은 증승개방법을 써서 풀고 있다. 따라서 처음 근사값, 즉 초상初商을 구한 후 그 나머지 근사값, 즉 차상次商을 구하는데, 당연히 계수의 부호에 따라 조립제법의 결과가 달라진다. 초상을 α라 하면 (A), (B), (C)의 경우는 각각 다음과 같이 된다.

$$\begin{array}{lll}
-1 & -a & b \\
 & -\alpha & -\alpha^2-a\alpha \\
-1 & -a-\alpha & -\alpha^2-a\alpha+b \\
 & -\alpha & \\
-1 & -a-2\alpha & ;
\end{array}
\qquad
\begin{array}{lll}
1 & -a & -b \\
 & \alpha & \alpha^2-a\alpha \\
1 & -a+\alpha & \alpha^2-a\alpha-b \\
 & \alpha & \\
1 & -a+2\alpha & ;
\end{array}$$

$$\begin{array}{lll}
-1 & a & -b \\
 & -\alpha & -\alpha^2+a\alpha \\
-1 & a-\alpha & -\alpha^2+a\alpha-b \\
 & -\alpha & \\
-1 & a-2\alpha &
\end{array}$$

2차방정식의 교종(A), 감종(B), 화종(C) 세 경우의 증승개방법에 대하여 『산학정의』에서 아래 그림을 통하여 증명을 하고 있다.

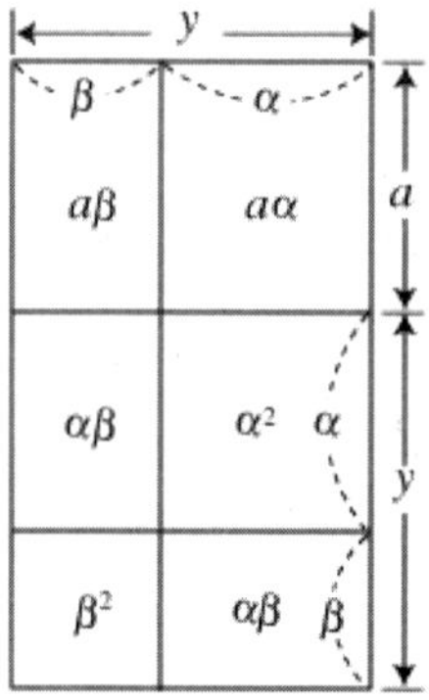

그림 (A)

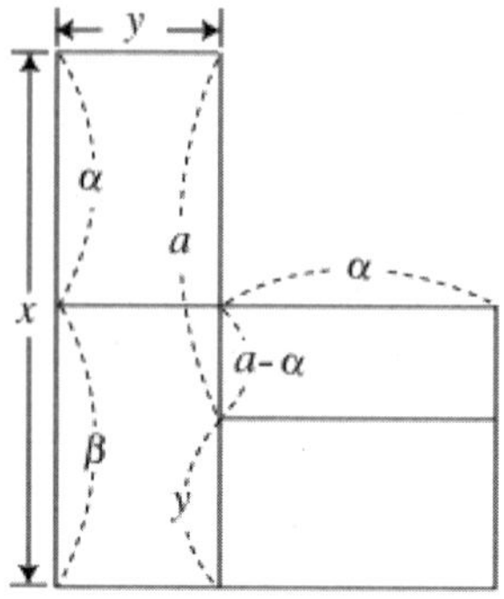

그림 (B)

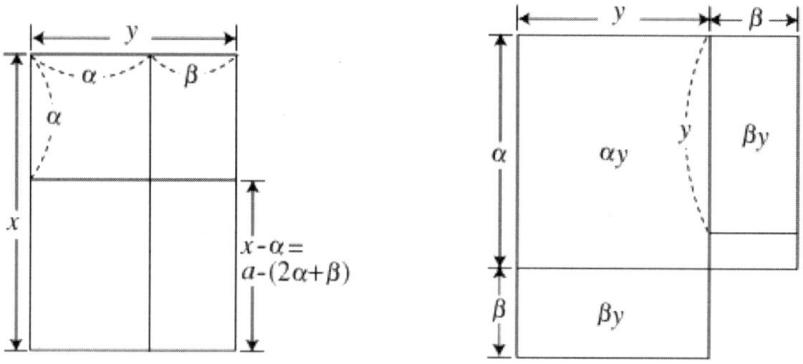

그림 (C)

각 그림에서 x, y는 장, 활을 나타내고 α를 (A)의 경우에는 y의 초상, (B), (C)의 경우는 x의 초상을 나타내고 β는 $y-\alpha$ ($\beta = x-\alpha$)를 나타낸다. 이때 각 경우에 주어진 사각형의 넓이 $xy=b$를 나머지 사각형들의 합으로 나타내어 위에서 얻은 증승개방법으로 구한 β에 대한 방정식을 얻는다.

(A) 교종 : $\beta^2 + 2\alpha\beta + a\beta + \alpha^2 + a\alpha = b$의 왼쪽 변을 이항하여 정리

하면 다음과 같다.

$-\beta^2-(a+2\alpha)\beta+(-\alpha^2-a\alpha+b)=0$

(B) 감종 : $(y+\alpha)\beta=xy+(a-\alpha)\alpha$와 $y+a=\alpha+\beta-a+\alpha$에서 다음을 얻는다.

$-\beta^2+(-a+2\alpha)\beta+(\alpha^2-a\alpha-b)=0$

(C) 화종 : $(a-\alpha)\alpha-(\alpha-y)\beta=b$와 $y=a-(\alpha+\beta)$에서 다음을 얻는다.

$-\beta^2+(a-2\alpha)\beta+(-\alpha^2+a\alpha-b)=0$

그림 (C)의 나머지 경우, 즉 y에 대한 증승개방법에 대하여도 그림에서 명백하다. 이 경우는 또 화수대종법和數帶縱法이라 부르는 이유로 들고 있다.

이들을 이용하여 차상을 위한 방정식을 구하는 것을 법칙으로 들고 있다. 이는 앞에서도 언급한 대로 정과 부의 계수를 정확히 사용하여 증승개방법을 사용하면 모든 경우에 통일된 해법을 구할 수 있는데 아마도 저자들이 중국 수학의 방정식의 해법을 충분히 이해하지 못하고 있거나 이런 내용이 들어 있지 않은 중국 산서를 인용하고 있을 가능성도 있다.

한편, 『산학정의』에서 장활교가 주어진 경우는 $(x+y)^2=(x-y)^2+4xy$, 즉 $x+y=\sqrt{a^2+4b}$와 $x-y=a$에서 $x=\frac{a+\sqrt{a^2+4b}}{2}$와 $y=\frac{-a+\sqrt{a^2+4b}}{2}$, 또는 $\frac{x+y}{2}=\sqrt{\left(\frac{a}{2}\right)^2+b}$와 $\frac{x-y}{2}=\frac{a}{2}$에서 같은 결과를 얻는다

또 장활화가 주어진 경우에도 $(x-y)^2=(x+y)^2-4xy$, 즉 $x-y=\sqrt{a^2-4b}$, $x+y=a$에서 $x=\frac{a+\sqrt{a^2-4b}}{2}$, $y=\frac{a-\sqrt{a^2-4b}}{2}$, 또는 $\frac{x-y}{2}=\sqrt{\left(\frac{a}{2}\right)^2-b}$, $\frac{x+y}{2}=\frac{a}{2}$에서 같은 결과를 얻는데, 이를 고법古法이라고 하였다.

근의 공식은 고법이라 하고 증승개방법을 이용한 해법을 더 좋은 것으로 취급하고 있는데, 이는 제곱근을 구하는 과정 역시 증승개방법을 써

야 하기 때문이다. 위의 전개식은 역시 다음 그림을 통하여 증명하고 있다.

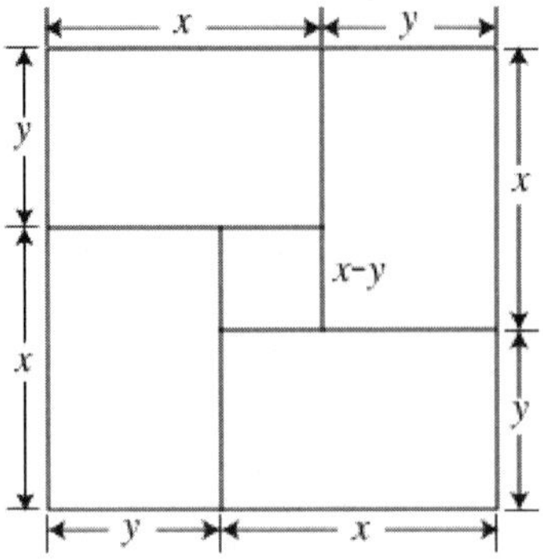

그림

4) 익적은 『양휘산법』楊輝算法의 『전무비류승제첩법』田畝比類乘除捷法 하권 제7문, 제12문에 나타나고, 번적은 제10문에 나타난다. 저자가 다음 문장에서 감종의 경우 익적이 되는 조건을 찾았는데, 양휘의 익적과 저자의 익적은 다르고, 번적은 같은 개념이다. 다음 주 5), 6)을 보면 이 문장은 정확하다고 할 수 없다.

먼저 제7문은 다음과 같다.

直田積八百六十四步 只云闊少長十二步 問長步幾何

答曰 三十六步

[益積開方]術曰 置積爲實 以不及十二步爲負從方

一爲隅開平方除之 得長

草曰 置積八百六十四於第二級 置差十二步於第四級爲負從

置負隅一算於第五級 於第一級上商置長三十步

以乘負隅於第三級置方法三十

以上商三十乘負從十二添積三百六十卻除積九百餘積三百二十四步二因

方法共六十改名廉法一退負從一退負隅二退 又於實上商置長六步

以乘負隅一置六於廉 次名隅以上商六命負從添積七十二共積三百九十六

以廉隅之數命上商除實積盡[a] 得三十六步合問

[減從開方]術曰 置積爲實 以不及十二步爲負從減方法 開平方除之

a) 이 문제는 위의 주의 감종(B)으로, 구하는 방정식은 $x^2-12x-864=0$인데, 이를 아래와 같이 풀고 있는 것을 익적술이라 하였다. 방정식은 $x^2=12x+864$로 보고 초상을 30으로 추정하고 차상을 a라 하면 $(30+a)^2=12(30+a)+864$에서

$900+60a+a^2=12a+(360+864)$를 얻고, 900을 빼서

$60a+a^2=12a+324$를 얻고, 차상을 6으로 추정하여 양변에 대입하여 등식이 성립하므로 $x=36$을 얻는 것이다. 이 방법을 왜 익적술이라 하였는지 알 수 없다. 그리고 나서 감종개방술의 초를 보면 위의 방정식을 다음 증승개방법을 사용하여 풀고 있다.

1	−12	−864	(30	1	48	−324	(6
	30	540			6	324	
1	18	−324		1	54	0	
	30						
1	48						

또 제12문에서도 익적술을 사용하고 있는데, 제12문은 다음과 같다.

直田積八百六十四步 只云三長五闊共二百二十八步 問元闊幾何

答曰 二十四步

[益積]術曰 三之積步爲實 共步爲從方 五爲隅算 開平方除之

즉 장, 활을 각각 x, y라 하면 $xy=864$, $3x+5y=228$에서, 방정식 $-5y^2+228y=2592$를 위와 같은 방법으로 풀고 있다.

따라서 양휘가 말한 익적술과 뒤의 **[21]**과 **(21-1)**에 정의된 익적, 즉 차상 실을 구하는 과정에서 처음 실과 더해 주는 항의 부호가 같아져서 절대값이 늘어 나는 경우와는 전혀 관계가 없다.

제10문은 다음과 같다.

直田積八百六十四步 只云長闊共六十步 欲先求長步 問得幾何

答曰 三十六步

[飜積]術曰 置積爲實 和步爲從方 以一爲負隅 開平方除之

이 문제는 위의 화종(C)의 경우로, 방정식 $-x^2+60x-864=0$의 두 근 중에 큰 근을 구하는 문제이다.

이어서, 초草에서 증승개방법을 이용하여 다음과 같이 해를 구하였다.

$$\begin{array}{rrrl} -1 & 60 & -864 & (30 \\ & -30 & 900 & \\ -1 & 30 & 36 & \\ & -30 & & \\ -1 & 0 & & \end{array} \qquad \begin{array}{rrrl} -1 & 0 & 36 & (6 \\ & -6 & -36 & \\ -1 & -6 & 0 & \end{array}$$

이 경우 차상 실을 구하는데 $-864+900=36$이 되어 그 부호가 부에서 정으로 바뀌어 진 경우를

上商置長三十步 命負隅減從三十 以上商命餘從合 除積九百而積不及
乃命飜法於商數之下積數之 上置合除積九百 反減元積八百六十四
餘正積三十六

으로 나타내고 있다. 아래에서 번적이 나타나는 가장 자연스러운 경우가 화종임을 알 수 있지만, 저자가 **[25]**에서 다루는 것처럼 초상이 구하는 해보다 큰 경우까지 취급하면 번적은 화종이 아닌 경우에도 일어날 수 있다.

5), 6) 2차방정식의 세 경우 익적과 번적이 일어날 수 있는 경우를 알아보기 위하여, 주어진 문제의 직사각형의 장長을 x_1, 활闊을 x_2 ($x_2 < x_1$)라 하면, 교종의 경우 x절편은 $-x_1$, x_2,

감종의 경우 x절편은 $-x_2$, x_1,

화종의 경우 x절편은 x_2, x_1이 된다.

한편 감종과 화종의 경우에 $y=-b$와 그래프가 만나는 점의 x좌표는 a이다.

위에서 언급한 대로 초상을 α ($\alpha > 0$)라 하면, 아래 그래프에서 다음 사실을 바로 얻을 수 있다.

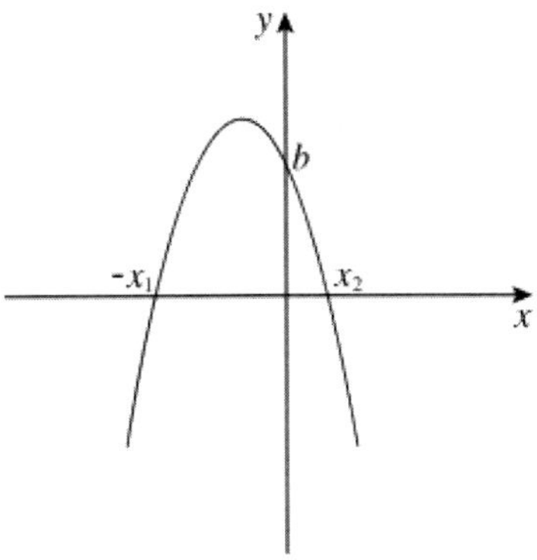

(A) 교종

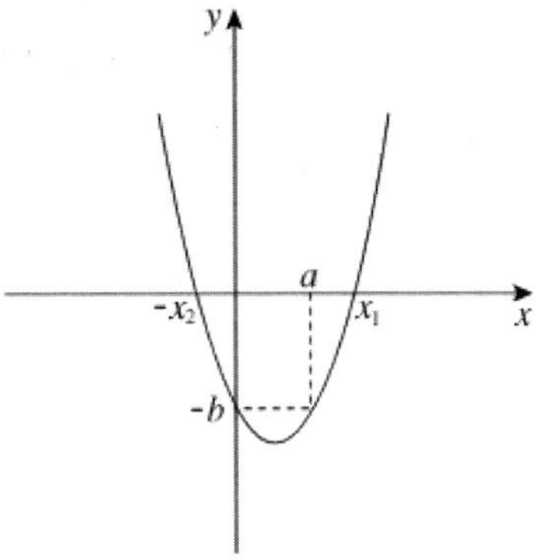

(B) 감종

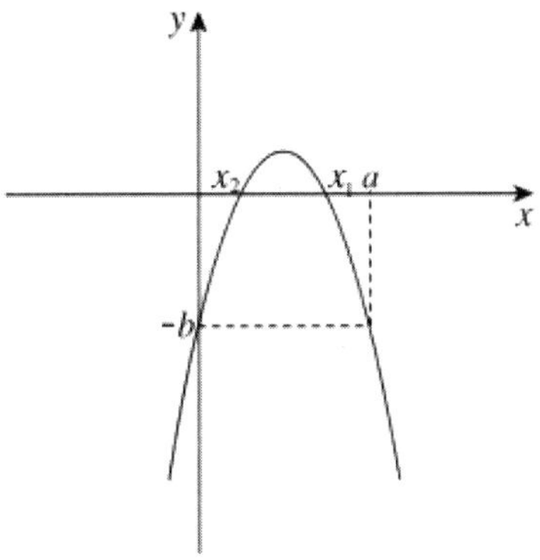

(C) 화종

(A) 교종의 경우

(i) $0 < \alpha < x_2$이면, 차상 실의 부호는 실 b의 부호와 같고 절대값은 줄어든다.

(ii) $\alpha > x_2$이면, 번적이다.

(B) 감종의 경우

차상 실이 $\alpha^2 - a\alpha - b = \alpha(\alpha - a) - b$에서 다음 경우를 얻는다.

(i) $0 < \alpha < a$이면, $\alpha(\alpha - a) < 0$이므로 익적이 된다.

『산학정의』에서는 혹칭或稱 익적평방법益積平方法이라 하였다.

이 경우를 저자가 5)에서 설명하고 있지만, 앞의 예에서 본 대로 조건을 만족하는 경우가 매우 드물게 나타난다.

(ii) $a < \alpha < x_1$이면, 차상 실의 부호는 실 b의 부호와 같고 절대값은 줄어든다.

(iii) $x_1 < \alpha$이면, 번적이 된다.

(C) 화종의 경우

(i) $x_2 < \alpha < x_1$이면, 번적이 된다. 이를 『산학정의』에서는 혹칭或稱 번적평방법翻積平方法이라 하였다.

이 경우를 6)에서 설명하고 있는 것으로 보이는데, 실을 교로 보는 것과 함께, 그 설명이 5)처럼 명백하지 않다.

(ii) $0 < \alpha < x_2$이거나 $x_1 < \alpha < a$이면, 차상 실의 부호는 실 b의 부호와 같고 절대값은 줄어든다.

(iii) $a < \alpha$이면, $-\alpha^2 + a\alpha = -\alpha(\alpha - a) < 0$이므로 익적이 된다.

(C)의 (i)의 경우에도 계수의 부호를 정확히 나타내었다면 특별히 구별하지 않고 상수항은 $-\alpha^2 + a\alpha$에서 b를 빼면 되는데 이를 거꾸로 빼는 것(翻減), 즉 작은 수에서 큰 수를 빼는 것으로 설명하고 있다.

한편 위의 결과는 『산학정의』에서 138쪽의 그림을 사용하여 기하적으로 얻어내었다.

먼저 감종減從, 즉 그림 (B)의 경우를 보자. 전술한 대로

$[\beta + (2\alpha - a)]\beta = b + (a - \alpha)\alpha$

는 차상次商을 위한 방정식에서 상수항을 이항한 식으로, 增乘開方法에서 얻어지는 방정식이다. 따라서 오른쪽 변이 次商을 위한 방정식의 상수항의 절대값이다. 그런데 이는 원래 방정식의 상수항 b에 그림의 오른쪽에 들어 있는 작은 사각형의 넓이를 더한 것이다. 따라서 상수항의 절대값이 늘어난 것이다. 물론 이 그림에서 $\alpha < a$인 것에 주의하여야 한다. 이 그림에서 α를 a보다 크게 잡으면 익적이 나타나지 않는 것을 그림 (B)와 같이 그려서 쉽게 확인할 수 있다. 따라서 익적을 감종지변례

減從之變例라 하였다. 『산학정의』에서는 이 문장으로 끝을 내었지만, 減從에서 $\alpha < a$가 익적이 일어나기 위한 충분조건이라는 것을 언급한 것은 『익산』이다. 즉 "和在隅 而較<卽廉也>大於初商 則爲益積"이라고 한 것이다. 이 경우 화재우和在隅란 감종減從을 $x^2 = ax + b$으로 보아 우隅, 즉 2차항이 나머지의 합이 된다는 것으로 표현한 것이고, a가 바로 장활교長闊較, 즉 교較이면서 동시에 감종減從의 1차항의 계수의 절대값인데 문자를 사용하지 못하므로 이와 같이 표현할 수밖에 없었다.

그림 (C)의 경우, 즉 화종和從을 보자. 오른쪽 그림에서 전술한 대로, 次商을 위한 방정식

$$-[\beta+(2\alpha-a)]\beta+(a-\alpha)\alpha-b=0$$

를 얻는다. 이 때 $(a-\alpha)\alpha=(y+\beta)\alpha$이므로, 이는 b보다 그림의 오른쪽에 들어 있는 사각형의 넓이만큼 크다. 따라서 차상次商을 위한 방정식의 상수항 $(a-\alpha)\alpha-b$는 양수이고, 원래 방정식의 상수항 $-b$는 음수이므로 번감飜減이 일어나 번적飜積이 되는 것을 보였다. 이 경우에도 $y < \alpha$라는 가정에서 그려진 것이다. 이 때 y는 화종和從의 두 개의 양의 실군중에 작은 쪽이다. 위에서와 같이 α를 y보다 작게 잡아서 그림 (C)와 같이 그리면 번적飜積이 되지 않는 것을 쉽게 알 수 있다. 따라서 『산학정의』와 『익산』에서 번적을 화종지변례和從之變例라 한 것이다. "和在廉 而較<卽實也>小於初商 則爲飜積"이라고 하였는데, 감종의 경우와 같이, 화재염和在廉은 화종和從을 $ax=x^2+b$로 보아 염廉, 즉 1차항이 나머지의 합으로 되어 있는 것을 표현한 것이고, 그 다음 문장은 약간의 문제가 있다. 왜냐하면 초상初商이 y보다 커야 하는데 이를 표현하지 못하였다. 두 경우 모두 그림에서 초상初商을 구하는 상商보다 작게 택한 경우만 나타내었다. 증승개방법增乘開方法을 사용하는데 초상初商은 구하는 상商보다 크게 택하여도 무방하고, 이 경우 차상次商이 음수로 되는 것도 『익산』에서 설명하고 있기 때문이다.

위의 주 5), 6) 두 경우 모두 추정된 초상을 일반적인 경우에 대하여 논하였지만 동양 산학에서는 이들은 항상 근의 자리수 즉, 1자리 수, 10자리 수, 100자리 수 . . . 등을 선택하고 있음을 주의하여야 한다.

조선 산학에 가장 영향을 많이 끼친 주세걸의 『산학계몽』에서 익적益

積은 전혀 취급하지 않고, 飜積은 모두 下卷에 들어 있는 개방석쇄문開方釋鎖門에 나타나는데, 제13문, 제15문, 제20문, 제21문, 제22문, 제27문, 제29문에 들어 있다고 하였다. 그러나 제29문에는 번감飜減이 들어 있지 않아서 이 문제는 제외하여야 한다. 이들은 모두 구하는 방정식 다음에 "번법개지飜法開之"라는 단어로 나타내었고, 특이하게 모든 번감飜減이 상수항에서는 하나도 일어나지 않았다. 또 조립제법의 결과로 상수항이 아닌 항에서 절대값이 늘어나는 경우가 여러 차례 나타나는데 이를 秦九韶와 마찬가지로 益積으로 보지 않았다. 따라서 저자가 『측원해경』을 연구한 후에 아래 (25-1)에서 제대로 된 예를 찾은 것으로 보인다.

[19] 염, 우 등 모든 법이 실과 다른 부호를 가지는 경우를 교종이라 하고 이들을 더한 것은 법이 된다.

廉隅諸法俱 與實異名者 爲較從 相加爲法也[1)]

1) 3차방정식을 2차방정식과 같이 계수의 부호에 따라 나누어 설명하고자 한다.

(19-1) 『산학정의』 대종입방법 제3문 법을 예로 들자.
3차방정식 $x^3+50x^2+609x-62100\ (=0)$을 풀어 25자를 얻는다.
초상을 20자로 하고 우 (=1)와 곱하여 20자를 얻고 종장렴과 같은 부호이므로 더하여 70자가 되고 부호는 여전히 정正이다.
초상 20자와 70을 곱하여 1400자를 얻는데 종방렴과 같은 부호이므로 더하여 정正인 2009자를 얻는다.
초상과 곱하여 40198자를 얻는데 실과 다른 부호이므로 빼서 나머지 21920자를 얻는데 이는 차상次商을 위한 방정식의 상수항이 되고 부負인 실이 크므로 부負가 된다.
또 초상 20자와 우를 곱하여 20자를 얻고 종장렴 70자와 같은 부호이므로 더하여 정正인 90자를 얻는다.
다시 초상 20자로 이를 곱하여 1800자를 얻고 종방렴 2009자와 같은 부호이므로 더하여 정正인 3809자를 얻는다.
다시 초상 20자와 우를 곱하여 20자를 얻고 종장렴 90자와 같은 부호이므로 더하여 정正인 110자를 얻는다.
차상을 5자로 하여 우와 곱하여 5자를 얻고 종장렴 110자와 같은 부호이므로 더하여 정正인 115자를 얻고
이를 차상 5자와 곱하여 575자를 얻는데 종방렴 3809자와 같은 부호이므로 더하여 정正인 4384자를 얻고,
이를 차상 5자와 곱하여 21920자를 얻는데 차상을 위한 상수항과 다른 부호이므로 서로 빼서 0이 된다.
이 경우 방렴, 장렴, 우를 모두 더한 것과 실은 (절대값이) 같으므로 방렴, 장렴과 우를 더한 것이 법이 된다고 한다.

如算學正義帶從立方第三問法[1)]

開方式　－62100　開立方得二十五尺

609

50

1

初商二十尺 乘隅得二十尺 與從長廉[2)]同名 相加得七十尺 仍爲正

以初商二十尺 乘之得一千四百尺 與從方廉[3)]同名

相加得二千零九尺 仍爲正

以初商二十尺 乘之得四萬零一百八十尺 與實異名

相減餘二萬一千九百二十尺爲次商實

卽負實之餘 故仍爲負也

又以初商二十尺 乘隅得二十尺 與從長廉七十尺同名

相加得九十尺 仍爲正

以初商二十尺 乘之得一千八百尺 與從方廉二千零九尺同名

相加得三千八百零九尺 仍爲正

又以初商二十尺 乘隅得二十尺 與從長廉九十尺同名

相加得一百十尺 仍爲正也.

次商五尺 乘隅得五尺 與從長廉一百十尺同名 相加得一百十五尺 仍爲正

以次商五尺 乘之得五百七十五尺 與從方廉三千八百零九尺同名

相加得四千三百八十四尺 仍爲正

以次商五尺 乘之得二萬一千九百二十尺 與次商實異名 相減恰盡也

此倂方廉[3)]長廉[2)]及隅 與實相當 故倂方廉長廉及隅 爲法也

1)『산학정의』 제3문은 다음과 같다.

직육면체의 부피는 62100자이고, 밑면의 장長은 높이보다 29자가 많고 또 밑면의 활闊은 높이보다 21자가 많다. 이때 장長 , 활闊, 높이는 각각 얼마인가?

답은 장 54자, 활 46자, 높이 25자이다.

今有長方體 積六萬二千一百尺 長比高多二十九尺 闊比高多二十一尺

問長闊高各若干

答曰 長五十四尺 闊四十六尺 高二十五尺

높이를 x, 長을 y, 闊을 z이라 하면 $y=x+29$, $z=x+21$이고 $xyz=62100$자에서 방정식 $x^3+50x^2+609x-62100(=0)$을 얻는다. 이를 증승개방법을 써서 푸는 방법을 설명하고 있다. 다른 경우와 달리 저자는 『산학정의』에 있는 법보다 훨씬 더 자세히 설명을 하고 있다.

2), 3) 3차방정식에서 3차항을 우, 2차항을 종장렴 또는 장렴, 1차항을 종방렴 또는 방렴이라 하고 있다.

현대적인 방법으로 위의 계산을 나타내면 다음과 같다.

1	50	609	−62100	(20		1	110	3809	−21920	(5
	20	1400	40180				5	575	21920	
1	70	2009	−21920			1	115	4384	0	
	20	1800								
1	90	3809								
	20									
1	110									

[20] 염과 실이 같은 부호이고 우와는 다른 부호를 가지는 것을 감종이라 하고 서로 뺀 것이 법이 되므로 우가 법이 된다.

廉爲實之同名 而隅爲異名者爲減從 相減爲法 而法主於隅

(20-1) 『산학정의』 대종입방 제3문의 또 다른 법을 예로 들자.
3차방정식 $-x^3+13x^2+168x+62100\ (=0)$을 풀어 46자를 얻는다.
초상 40자와 우 $(=-1)$를 곱하여 40자를 얻고 종장렴과 부호가 다르므로 빼서 27자를 얻고 부의 우가 남으므로 부호는 부로 바뀐다.
초상과 이를 곱하여 1080자를 얻고 종방렴과 부호가 다르므로 빼서 920자를 얻는데, 종장렴이 남으므로 부호는 부로 변한다.
이와 초상 40자를 곱하여 36480자를 얻고 실과 부호가 다르므로 빼서 25620자를 얻고 이는 차상을 위한 방정식의 상수항이 되는데 정의 실이 남으므로 부호는 여전히 정이다.
또 초상 40자와 우를 곱하여 40자를 얻는데 종장렴 27자와 같은 부호이므로 더하여 67자를 얻고 부호는 부이다.
이와 초상 40을 곱하여 2680자를 얻는데 종방렴 912자와 같은 부호이므로 더하여 부인 3592자를 얻는다.
초상 40자와 우를 곱하여 40자를 얻고 종장렴 67자와 같은 부호이므로 더하여 부인 107자를 얻는다.
차상 6자와 우를 곱하여 6자를 얻고 종장렴 107자와 같은 부호이므로 더하여 부인 113자를 얻고 또 이와 차상 6자와 곱하여 678자를 얻고 종방렴 3592와 같은 부호이므로 더하여 부인 4270자를 얻어 이와 차상 6자를 곱하여 25620자를 얻는데 차상 실과 부호가 다르므로 빼서 0을 얻는다.
우에서 방렴과 장렴을 뺀 것과 실은 그 절대값이 서로 같다. 따라서 상과 우를 곱한 것에서 방렴과 장렴을 더한 것을 뺀 나머지가 법이다.

如算學正義帶從立方第三問又法[1)]

開方式　62100　開立方得四十六尺
　　　　168
　　　　13
　　　　−1

初商四十尺乘隅得四十尺 與從長廉異名 相減得二十七尺
卽負隅之餘 故變爲負
以初商四十尺 乘之得一千零八十尺 與從方廉異名
相減得九百十二尺 卽從長廉之餘 故變爲負
以初商四十尺 乘之得三萬六千四百八十尺 與實異名
相減得二萬五千六百二十尺
爲次商實 卽正實之餘 故仍爲正也
又以初商四十尺 乘隅得四十尺 與從長廉二十七尺同名
相加得六十七尺 仍爲負
以初商四十尺 乘之得二千六百八十尺 與從方廉九百十二尺同名
相加得三千五百九十二尺 仍爲負
以初商四十尺 乘隅得四十尺 與從長廉六十七尺同名
相加得一百零七尺 仍爲負也
次商六尺 乘隅得六尺 與從長廉一百零七尺同名
相加得一百十三尺 仍爲負
以次商六尺 乘之得六百七十八尺 與從方廉三千五百九十二尺同名
相加得四千二百七十尺 仍爲負
以次商六尺 乘之得二萬五千六百二十尺 與次商實異名 相減恰盡也
此以方廉長廉 減於隅 與實相當 故以商乘隅內減 方廉長廉餘爲法也

1) 위의 제3문에서 활闊을 구하는 문제이다. 위에서 闊을 x로 놓으면 조건에서 방정식 $-x^3+13x^2+168x+62100(=0)$을 얻는다. 저자는 이 문제의 해설에서 정수正數와 부수負數의 곱셈을 제대로 이해하지 못하고 있는 것으로 보인다. 또 덧셈의 정부론에 대한 계산도 어색하게 설명하고 있다. 증승개방법을 현재의 방법으로 풀면 다음과 같다.

−1	13	168	62100	(40
	−40	−1080	−36480	
−1	−27	−912	25620	
	−40	−2680		
−1	−67	−3592		
	−40			
−1	−107			

−1	−107	−3592	25620	(6
	−6	−678	−25620	
−1	−113	−4270	0	

[21] 만약 염에서 나머지를 뺀 것이 실과 같은 부호이면 익적을 이룬다고 한다.

若減餘在廉 則仍與實同名 而爲益積也

(21-1) 『측원해경』 명전 전前 제1문 초를 예로 들자.
방정식 $-x^2+204x+8640\ (=0)$을 익적이 포함된 방법으로 풀어 240보를 얻는다.
초상 200보와 우 $(=-1)$를 곱하여 200보를 얻는데 종렴과 다른 부호이므로 빼서 4보를 얻고 종렴이 남으므로 그 부호는 여전히 정이다.
또 초상 200보와 이를 곱하여 800보를 얻는데 실과 같은 부호이므로 더하여 9440보를 얻고 그 부호는 정이 된다. 이때, 익적을 이룬다고 한다.
또 초상 200보와 우를 곱하여 200보를 얻는데 종렴 4보와 다른 부호이므로 빼서 196보를 얻는다. 이때, 우법이 남으므로 그 부호는 부로 바뀐다. 이를 번종이라 부른다.
차상 40보와 우를 곱하여 40보를 얻고 종렴 196보와 같은 부호이므로 더하여 236보를 얻고 그 부호는 부이다.
이와 차상 40보를 곱하여 9440보를 얻고 차상 실과 부호가 다르므로 빼면 0이 된다.
이 경우에 우에서 종렴을 뺀 것과 실의 절대값이 같다.
이는 실과 종렴의 합이 우와 절대값이 같다는 것과 마찬가지이다.
초상을 이용한 증승개방법에서 종렴이 이미 더 크다면 빼서 0을 만들 수 없으므로 실과 서로 더하여 우를 법으로 하여 소거가 가능해진다.

如測圓海鏡明叀前第一問草[1)]
8640　益積開平方得二百四十步
204
-1
初商二百步乘隅得二百步 與從廉異名 相減得四步 卽從廉之餘 故仍爲正
以初商二百步 乘之得八百步 與實同名 相加得九千四百四十步

爲次商實 仍爲正 是爲益積也
又以初商二百步 乘隅得二百步 與從廉四步異名 相減得一百九十六步
卽隅法之餘 故變爲負 是爲翻從也
次商四十步 乘隅得四十步 與從廉一百九十六步同名
相加得二百三十六步 仍爲負
以次商四十步 乘之得九千四百四十步 與次商實異名 相減恰盡也[2)]
此以從廉減於隅 與實相當 亦卽併實與從廉與隅相當
而從廉旣大初商之時 不能減盡
故與實相益 然後以隅爲法 蓋消長相補也

1) 『측원해경』 명전은 전 후 두 권으로, 제7권, 제8권에 들어 있다. 명전 전前 제1문과 그 초는 다음과 같다. 『측원해경』의 원문에서 "세叀" 자는 작다는 뜻의 "전"자, 즉 위의 "세자"에서 아래 부분이 없는 글자로 되어있는데 조선의 모든 산서에 "전"자 대신에 "叀"자를 사용하고 있다. **바로 잡아야 한다.**

남문을 나와 동쪽으로 70보를 가면(=동행) 나무가 있다. 또 동문을 나와 남쪽으로 30보를 가면(=남행) 그 나무를 볼 수 있다. 문답은 앞과 같다, 즉 성의 지름은 얼마인가와 그 답은 240보이다.
법으로 남행의 두 배와 동행의 두 배를 곱한 것을 평실(=실=상수항), 또 남행과 동행을 합한 것의 두 배를 종(=종렴)으로 하고 1을 허우(=－우)로 하여 성의 지름을 구한다.
或問 出南門 東行七十步有樹 出東門南行三十步見之 問答 同前
法曰 倍南行以乘倍東行位平實 併二行又倍之位從 一虛隅 得城徑

앞의 **(6-10)**의 **그림 3**에서 설명한 대로 원성도식圓城圖式에서 제13삼각형, 제14삼각형, 제15삼각형을 각각 태허구고형太虛句股形, 명구고형明句股形, 전구고형(전句股形)이라 하고 태허구고형의 句, 股, 弦을 각각 허구虛句, 허고虛股, 허현虛弦이라 한다. 이 문제는 명구고형의 a_{14}, 전구고형의 b_{15}가 주어진 경우 원의 지름을 구하는 것이다. 태허구고형의 허구, 허고의 곱을 허적虛積, 또는 내율內率이라 한다.

초는 다음과 같다. 이 문제를 위하여 식별잡기識別雜記에서 현외용원弦外容圓과 내율, 즉 허적을 구하는 것을 보라.
남행과 동행의 합은 허현($=c_{13}$)이 되고 또 남행에서 동행을 뺀 것, 즉 $a_{14}-b_{15}$는 허교($=b_{13}-a_{13}$)가 된다 ($a_{13}+a_{14}=b_{13}+b_{15}=r$(=성의 반지름)). 따라서 동행의 두 배는 현교화이다 ($2a_{14}=b_{15}+a_{14}+(a_{14}-b_{15})=c_{13}+(b_{13}-a_{13})$). 같은 방법으로 남행의 두 배는 현교교($=c_{13}-(b_{13}-a_{13})$)이다.
또 이들 두 수(남행, 동행의 두 배)의 곱은 허적($=a_{13}b_{13}$)의 두 배이다 ($(c_{13}+(b_{13}-a_{13}))(c_{13}-(b_{13}-a_{13}))=c_{13}^2-(b_{13}^2+a_{13}^2-2a_{13}b_{13})=2a_{13}b_{13}$).
만약 남행과 동행을 바로 곱하면 허적의 반이 된다.
성의 지름에서 두 배의 동행을 빼면 두 배의 허구가 되고 두 배의 남행을 성의 지름에서 빼면 두 배의 허고가 된다. (이 경우 **그림 3**에서 성의 반지름에서 동행, 남행을 뺀 것은 각각 허구와 허고가 되는 것이 바로 보인다.)
따라서 태허구고형에서 삼사화($=a_{13}+b_{13}+c_{13}$)는 성의 지름이 된다.
원의 지름을 천원일($=x$)로 놓자. 편의상 삼사화를 천원일이라 하여도 좋다. 남행과 동행의 합의 두 배를 천원에서 빼서 $x-204$를 얻고 이는 원의 지름(=황방)이 되고, 천원을 곱하여 x^2-204x를 얻는데 이는 허적이고 왼쪽에 두자. (현외용원의 공식에서 $x=\dfrac{2a_{13}b_{13}}{a_{13}+b_{13}-c_{13}}$이고 $x-2c_{13}=a_{13}+b_{13}+c_{13}-2c_{13}=a_{13}+b_{13}-c_{13}$, $c_{13}=a_{14}+b_{14}$.)
두 배의 동행과 두 배의 남행을 곱하여 8640을 얻는데 이는 위의 왼쪽에 둔 식과 같은 수이므로 상쇄하여 $-x^2+204x+8640(=0)$을 얻어 이를 풀어 240보, 즉 성의 지름을 얻는다.
草曰 識別 得此問名爲弦外容圓 又爲內率求虛積
其二行步相併爲虛弦 若以相減卽虛較也
又倍東行爲弦較和 倍南行卽弦較較 此二數相乘卽兩虛積也
若直二行相乘半个虛積也
又倍東行減於城徑餘 卽二虛句也 倍南行減於城徑卽二虛股也
虛積上三事和卽城徑也

乃立天元一爲圓徑 便以爲三事和也

倍二行步減之得 $\begin{matrix} 1元 \\ -204 \end{matrix}$ 爲黃方一 天元乘之得 $\begin{matrix} 1 \\ -204元 \end{matrix}$ 爲虛積[a] 寄左

然後倍東行以乘倍南行 得八千六百四十爲同數與左 相消得 $\begin{matrix} -1 \\ 204 \\ 8640 \end{matrix}$

益積開平方 得二百四十步 卽城徑也 合問

a) 제13삼각형 태허구고형을 허적으로 나타내었다.

2) 위에서 언급한 대로 계수의 부호만 정확히 표시하고 또 정과 부의 사칙을 제대로 하면 필요 없는 주가 된다. 이를 현대적인 방법으로 나타내면 다음과 같다.

−1	204	8640	(200
	−200	800	
−1	4	9440	
	−200		
−1	−196		

−1	−196	9440	(40
	−40	−9440	
−1	−236	0	

『측원해경세초』測圓海鏡細草에, 번법은 제4권 제5, 6문, 제5권 제9, 12문, 제6권 제8문, 제7권 제3, 4, 10문, 제10권 제8문 등에 나타나는데, 특히 마지막 제10권 제8문에서는, 법法에서는 번적이라 하고, 초草에서는 도적到積이라고 하였다. 도적과 도종到從은『익고연단』(1259)의 제24문에 들어 있는데 번적 문제로 유일한 문제이다. 이는 **(26-1)**에서 자세히 다룬다. 그러나 익적은 위에서 들은 제7권 제1문 외에 제2문과 제9권 하下의 제4문 등 세 문제에만 나타난다.

제7권 제2문은 다음과 같다.

或問 丙出南門直行一百三十五步 而立 甲出東問直行一十六步 見之
問答同前

이는 방정식 $-x^4+8640x^2+652320x+4665600=0$을 풀어야 하는데 이를 증승개방법을 사용하여 풀면 다음과 같다.

-1	0	8640	652320	4665600	(100
	-100	-10000	-136000	51632000	
-1	-100	-1360	516320	56297600	
	-100	-20000	-2136000		
-1	-200	-21360	-1619680		
	-100	-30000			
-1	-300	-51360			
	-100				
-1	-400				

-1	-400	-51360	-1619680	56297600	(20
	-20	-8400	-1195200	-56297600	
-1	-420	-59760	-2814880	0	

여기에서 차상 실이 4665600 +51632000 =56297600이 되어 익적이다.

또 제9권 하의 제4문은 다음과 같다.

或問 依前見大和 只云股圓差上勾弦差二百一十六

勾圓差上股弦差二十步 問答前

이 경우 소고차가 방정식 $4x^3-2640x^2+264960x+6156000=0$의 해인데 이를 증승개방법을 사용하여 풀면 다음과 같다.

4	-2640	264960	6156000	(100
	400	-224000	4096000	
4	-2240	40960	10252000	
	400	-184000		
4	-1840	-143040		
	400			
4	-1440			

4	-1440	-143040	10252000	(50

	200	−62000	−10252000
4	−1240	−205040	0

이 과정에서 차상 실은 6156000+4096000=10252000이 되어 증승개방법은 익적을 포함하게 된다.

(5)의 주 2)의 증승개방법의 설명에서 진구소秦九韶의 투태投胎와『측원해경』의 익적이 같은데, 진구소의 투태의 예문은 **(41-1)**의 주 1)에 들어 있다. 그의 예는 위의 세 경우와 달리 2차방정식이고, 실의 부호는 부負이다.

[22] 염이 실과 다른 부호이고 우와 같은 부호이면 화종이 되는데 서로 빼는 것이 법이므로 법은 염이 된다.

廉爲實之異名 而隅爲同名者 爲和從 亦相減爲法 而法主於廉

(22-1) 『측원해경』 변고 제5문 또 다른 법의 초를 예로 들자.
방정식 $-x^2+408x-34560\ (=0)$을 풀어 120보를 얻는다.
초상 100보와 우 $(=-1)$를 곱하여 100보를 얻고 종렴과 다른 부호이므로 빼서 308보를 얻는데 종렴이 남으므로 정이 된다.
이와 초상 100보를 곱하여 30800보를 얻는데 실과 다른 부호이므로 빼서 3760보를 얻고 이는 차상을 위한 실이 되는데 부인 실이 남으므로 그 부호는 부가 된다.
또 초상 100보와 우를 곱하여 100보를 얻고, 종렴 308과 부호가 다르므로 빼서 208보를 얻는데 종렴이 남으므로 그 부호는 정이다.
차상 20보와 우를 곱하여 20보를 얻고 종렴 208보와 부호가 다르므로 빼서 188보를 얻는데 종렴이 남으므로 그 부호는 정이다.
이와 차상 20보를 곱하여 3760보를 얻고 차상 실과 부호가 다르므로 빼면 0이 된다.
이 경우 종렴에서 우를 뺀 것이 실과 절대값이 같아진다.
따라서 종렴에서 상과 우를 곱한 것이 법이 된다고 한다.

如測圓海鏡邊股第五問又法草[1)]
－34560　開平方得一百二十步
408
－1
初商一百步 乘隅得一百步 與從廉異名 相減得三百八步
卽從廉之餘 故仍爲正
以初商一百步 乘之得三萬八百步 與實異名
相減得三千七百六十步爲次商實
卽負實之餘 故仍爲負也
又以初商一百步 乘隅得一百步 與從廉三百八步異名 相減得二百八步

卽從廉之餘 故仍爲正也
次商二十步 乘隅得二十步 與從廉二百八步異名 相減得一百八十八步
卽從廉之餘 故仍爲正
以次商二十步 乘之得三千七百六十步 與次商實異名 相減恰盡也[2)]
此以隅 減於從廉 與實相當 故以商乘隅 減於從廉 爲法也

1)『측원해경』제3권 변고 제5문과 그 초는 다음과 같다.

을이 남문을 나와 동쪽으로 72보 가서 멈추었다. 갑은 서문을 나와 남쪽으로 480보를 가서 을을 보면 시선이 성과 접하게 된다.
물음과 답은 전과 같다.
또 다른 법으로 언급된 수를 곱한 것을 실로 그 차를 종, −1을 2차항의 계수로 하여 방정식을 풀면 반지름을 얻는다.
或問 乙出南門東行七十二步而止 甲出西門南行四百八十步望之
與城參相直 問答 同前
又法曰 以云數相乘爲實 相減爲從 一虛法 平開得半徑

앞의 **그림 3**에서 제10삼각형을 대차구고형大差句股形이라 하고 이 삼각형의 句, 股, 弦을 각각 대차구, 대차고, 대차현이라 한다. 또 제2삼각형은 변구고형邊句股形이라 한다. 이 문제는 $b_2=480$, $a_{14}=72$인 경우 원의 지름을 구하는 문제이다.

초는 다음과 같다. 식별잡기識別雜記에서 주어진 두 수를 합한 것은 대고($=b_1$ 즉 제1삼각형의 股)에서 허구를 뺀 것이다.
($a_{14}+a_{13}=r=b_1-b_2$ (r은 원의 반지름)).
또 그 두 수의 차는 대차현이다 (같은 점에서 원에 그은 두 접선의 길이는 같기 때문이다). 즉 $b_2-a_{14}=c_{10}$이다.
원의 반지름을 천원일($=x$)로 놓고 480에서 이를 빼면 $480-x$를 얻는데 이는 대차고이다. 즉 $480-x=b_{10}$이다. 또 천원에 72를 더하면 대차구 $72+x(=a_{10})$를 얻고 이들을 곱하여 하식 $-x^2+408x+34560$을 얻는데 이는 대차적($=a_{10}b_{10}$)이고, 이를 왼쪽에 두자.

대차고에서 대차구를 빼서(구고句股)교較 $b_{10}-a_{10}=408-2x$를 얻고 또 이에 대차현 408을 더하여 $816-2x$를 얻고 이는 현교弦較(교較) $(=c_{10}+b_{10}-a_{10})$가 된다. 이에 천원을 곱하여 $816x-2x^2$을 얻는데, 이는 위의 왼쪽에 둔 식과 같아진다 (구외용원 $d=\dfrac{2a_{10}b_{10}}{c_{10}+b_{10}-a_{10}}$을 이용하여 $x(c_{10}+b_{10}-a_{10})=a_{10}b_{10}$). 상쇄하여 방정식 $-x^2+408x-34560$ $(=0)$을 풀어 120보, 즉 반지름을 얻는다.

草曰 別得二數相倂爲大股內少一虛句 其二數相減爲大差弦也

立天元一爲半徑 副置上位減爲於四百八十 得 $\begin{matrix}-1元\\480\end{matrix}$ 爲股圓差 (則大差股也)

下爲加七十二得 $\begin{matrix}1元\\72\end{matrix}$ 爲大差句 句股相乘 得下式 $\begin{matrix}-1\\408元\\34560\end{matrix}$

爲一段大差積 寄左

再以大差句減於大差股餘 $\begin{matrix}-2元\\408\end{matrix}$ 爲較 又加入大差弦四百單八共 得 $\begin{matrix}-2元\\816\end{matrix}$

爲弦較共也 以天元乘之 得 $\begin{matrix}-2\\816元\end{matrix}$ 爲同數與左 相消 得 $\begin{matrix}-1\\408元\\-34560\end{matrix}$

以平方開之得 一百二十步 卽半徑 合門

2) 방정식의 풀이를 현재 방법으로 나타내면 다음과 같다.

−1	408	−34560	(100	−1	208	−3760	(20
	−100	30800			−20	3760	
−1	308	−3760		−1	188	0	
	−100						
−1	208						

[23] 만약 법이 크고 실이 적으면 거꾸로 빼야 하므로 번적이 된다고 한다.

若法多實少 則反減而爲翻積也

(23-1) 『측원해경』 대고 제9문의 초를 예로 들자.
번적이 포함된 방법으로 3차방정식 $x^3-1200x^2+213600x-10080000$ $(=0)$을 풀어 120보를 얻는다.
초상 100보와 우 $(=1)$를 곱하여 100보를 얻는데 장렴과 서로 다른 부호를 가지므로 빼서 1100보를 얻고 장렴이 남으므로 부호는 부이다.
초상 100보와 이를 곱하여 110000보를 얻는데 종방렴과 다른 부호이므로 빼서 103600보를 얻고 종방렴이 남으므로 그 부호는 정이 된다.
초상 100보와 이를 곱하여 10360000보를 얻는데 실과 다른 부호이므로 빼서 280000보를 얻어 이는 차상 실이 된다. 종방렴이 남으므로 이 (차상)실은 부호가 정이 되므로 번적을 이룬다고 한다.
다시 초상 100보와 우를 곱하여 100보를 얻고 종장렴 1100보와 다른 부호이므로 빼서 1000보를 얻고, 역시 종장렴이 남으므로 그 부호는 부로 된다.
이를 다시 초상 100보와 곱하여 100000보를 얻고 종방렴 103600보와 다른 부호이므로 빼서 3600보를 얻고 역시 종방렴이 남으므로 그 부호는 정이 된다.
다시 초상 100보와 우를 곱하여 100보를 얻고 종장렴 1000보와 부호가 다르므로 빼서 900보를 얻고 종장렴이 남으므로 그 부호는 부가 된다.
차상 20보와 우를 곱하여 20보를 얻고 종장렴 900보와 부호가 다르므로 빼서 880보를 얻고 역시 종장렴이 남으므로 그 부호는 부이다.
이와 차상 20보와 곱하여 17600보를 얻고, 종방렴 3600보와 부호가 다르므로 빼서 14000보를 얻는데 종장렴이 남으므로 그 부호는 부로 되어 번종을 이룬다고 한다.
다시 이를 차상 20보와 곱하여 280000보를 얻고 이는 차상실과 부호만 다르므로 빼서 0이 된다.
이 경우 방렴과 우를 합한 것에서 장렴을 뺀 것이 실과 절대값이 갈

다. 이는 실과 장렴에서 우를 뺀 것을 합한 것과 방렴의 절대값이 같다는 뜻이다.

초상을 써서 증승개방법을 계산할 때 방렴에서 나머지가 실보다 크다. 따라서 실의 자리에서 번감이 되고 장렴에서 우를 뺀 것이 법으로 된다. 이 역시 소장은 서로 도와 이루어진다.

如測圓海鏡大股第九問草[1)]

－10080000　翻積開立方得一百二十步

213600

－1200

1

初商一百步 乘隅得一百步 與從長廉異名 相減得一千一百步

卽從長廉之餘 故仍爲負

以初商一百步 乘之得十一萬步 與從方廉異名 相減得十萬三千六百步

卽從方廉之餘 故仍爲正

以初商一百步 乘之得一千三十六萬步 與實異名

相減得二十八萬步 爲次商實

卽從方廉之餘 故變爲正實 是爲翻積也

又以初商一百步 乘隅得一百步 與從長廉一千一百步異名 相減得一千步

亦卽從長廉之餘 故仍爲負

以初商一百步 乘之得十萬步 與從方廉十萬三千六百步異名

相減得三千六百步 亦卽從方廉之餘 故仍爲正

又以初商一百步 乘隅得一百步 與從長廉一千步異名 相減得九百步

亦卽從長廉之餘 故仍爲負也

次商二十步 乘隅得二十步 與從長廉九百步異名 相減得八百八十步

亦卽從長廉之餘 故仍爲負

以次商二十步 乘之得一萬七千六百步 與從方廉三千六百步異名

相減得一萬四千步

亦卽從長廉之餘 故變爲負 是爲翻從也[2)]

以次商二十步 乘之得二十八萬步 與次商實異名 相減恰盡也[3)]

此以長廉 減於方廉及隅 與實相當 亦卽倂實與長廉内減隅 與方廉相當

而方廉之餘 初商之時 尚大於實 故翻減居實之位 以長廉内減隅爲法也

此亦消長相補也

1)『측원해경』제5권 대고 제9문과 초는 다음과 같다.

을이 동문을 나와 직행하여 얼마를 걸어간 후 멈추었다. 갑이 건에서 남쪽으로 600보를 걸어가 그를 보았다. 다시 을의 방향으로 비스듬히 544보를 걸어가서 을을 만났다.
문제와 답은 여전히 같다.
법으로 600보와 544보의 차이와 갑이 남쪽으로 간 보수(=남행)를 곱하여 얻은 수와 남행한 보수의 반을 곱한 것을 실(=상수항)로 삼고, 두 보수의 차와 남행의 보수를 곱한 것을 위에 두고 남행의 보수의 반을 남행한 보수와 곱하여 위에 둔 것과 더하여 종방으로, 남행의 보수의 두 배를 익염, 1을 3차항의 계수로 놓고 풀면 반지름을 얻는다.
或問乙出東門直行不知步數而立 甲從乾隅南行六百步望見之
復就乙斜行五百四十四步 與乙相會
問答 同前
法曰 以二行步相減乘甲南行步 得數 又半之南行步以乘之爲實
以二行差乘南行步於上
又以半之南行步乘南行步加於上爲從方 二之南行步爲益廉
一步常法[a] 得半徑

a) 허우虛隅 또는 허법虛法은 그 계수가 부負, 상법常法은 그 계수가 정正을 나타낸다.

앞의 **그림 3**에서 제1삼각형, 제2삼각형, 제8삼각형, 제9삼각형, 제10삼각형, 제11삼각형을 각각 대구고형, 중구고형, 상평구고형, 하평구고형, 대차구고형, 소차구고형이라 하는데, 상평구고형과 하평구고형은 서로 합동이므로 그들의 구, 고, 현을 각각 평구, 평고, 평현이라고 한다. 따라서 이 문제는 $b_1=600$, $c_2=544$일 때 원의 지름 d를 구하는 문제이다.

초는 다음과 같다. 식별잡기에서 두 행의 보수의 차이 b_1-c_2는 제8삼각형에서 구고교 b_8-a_8과 같고(이때 b_8은 반지름이다), 또 대구원차

$(= a_1 - d = a_9)$는 평현 c_8보다 작다.

성의 반지름을 천원일$(= x)$로 놓고 남행의 보수 600에서 이를 빼면 중고$(= b_2)$ $600 - x$를 얻고 빗변을 따라 간 보수(=사행보)는 중현$(= c_2)$이다.

반지름과 사행보를 곱하여 $544x$를 얻고, 이를 중고로 나눈다. 이때 나누어 떨어지지 않으므로 편의상 이를 평현이라 하자 (물론 중고를 분모로 가지고 있다).

또 두 행의 보수를 서로 빼서 그 나머지 56보를 얻는데 이는 (대)구원차가 된다.

평현보다 작으므로 이 수에 중고를 곱하여 $-56x + 33600$을 얻는다.

다시 평현을 빼서 그 나머지 $600x - 33600(= 544x - (-56x + 33600))$을 얻는데 이는 소차$(= a_{11})$가 된다(중고를 분모로 가지고 있다).

(c_2x는 삼각형 AQO의 넓이의 두 배인데 삼각형 AQO는 또 OQ를 밑변, $AW = b_2$를 높이로 가진다. 따라서

$OQ = x + (a_{11} - a_8) = (x - a_8) + a_{11} = (b_8 - a_8) + a_{11}$이므로

$c_2x = b_2((b_8 - a_8) + a_{11})$이므로 $c_2x - b_2(b_8 - a_8) = b_2a_{11}$이다.)

갑이 남행한 보수 $600(= b_1)$에서 천원의 두 배를 빼면 대차$(= b_{10})$가 되고 이의 반은 $-x + 300$이 되는데 소차와 곱하여 반지름의 제곱 $-600x^2 + 213600x - 10080000$을 얻고 이를 왼쪽에 두자

$(x^2 = \dfrac{a_{11}b_{10}}{2})$.

천원의 제곱을 구한 후에 중고를 곱하여 $-x^3 + 600x^2$을 얻고 이는 위에 왼쪽에 둔 식과 같으므로 상쇄하여

$x^3 - 1200x^2 + 213600x - 10080000(=0)$을 얻어 이 3차방정식을 풀어 120보를 얻고 이를 두 배하여 성의 지름을 얻는다 (번법이 들어 있다).

草曰 別得二行相減則平積上句股較(此股卽半徑也)

又別得是大句圓差不及平弦數

立天元一以爲半城徑 以減南行步得 $\begin{matrix}-1元\\600\end{matrix}$ 爲中股 其斜行步卽中弦也

乃立半城徑以斜行步乘之得 544元 合以中股除 今不受除
編以此爲平弦（內帶中股分母）又以二行步相減與五十六步爲句圓差
不及平弦數
置此數以中股乘之得 −56元 復以減平弦與得 600元 爲小差
33600 −33600
（內帶中股分母）
乃以二天元減甲南行步爲大差 又半之 得 −1元 以乘小差得 −600
300 213600元
−10080000
爲半徑冪 寄左
然後以天元自乘 又以中股通之得 −1 爲同數與左 相消 得 1
600 −1200
0元 213600
−10080000
開立方 得一百二十步 倍之卽城徑也 合門（翻法在記）

2), 3) 이 방정식의 풀이는 다음과 같다.

1	−1200	213600	−10080000	(100	1	−900	3600	280000	(20
	100	−110000	10360000			20	−17600	−280000	
1	−1100	103600	280000		1	−880	−14000	0	
	100	−100000							
1	−1000	3600							
	100								
1	−900								

위의 증승개방법에서, 차상 20을 추정하여 1차항의 계수가
3600 + (−17600) = −14000으로 正의 3600에서 負의 −14000로 바뀐 것을 번종飜從이라 하여 번적과 구별하고 있다. 동양의 산서에서 적積은 넓이나 부피뿐 아니라 어떤 현상의 결과를 나타내는 데 사용되고 있어서 실實로 되므로, 저자는 실의 부호가 바뀌는 것을 번적, 그 나머지 항의 부호가 바뀌는 것을 번종으로 구별하여 나타내고 있다.

[24] 따라서 익적에서는 법과 실을 서로 더하고 번적에서는 법에서 빼서 그 나머지를 각각 다음 차상의 실이 되게 하는 것이다.
법과 같은 부호이면 반드시 번종이 이어서 나타나고, 법의 부호를 바꾼 후에 상쇄하여 실을 빼서 없앨 수 있다.

然益積 法實相加 翻積減餘在法[1] 其次商之實
皆與法同名 故必繼有翻從 使法變號
然後互相消長 除減實數也

1) 증승개방법은 항상 더하는 과정을 통하여 이루어지는데, 저자는 이 경우 부호를 생각하지 않고, 익적은 법과 실이 같은 부호일 경우만 일어나므로 "상가相加"라 부르고, 번적에서는 법과 실이 다른 부호일 경우만 일어나므로 $a+(-b)=a-b$로 이해하여 "감여재법減餘在法"으로 설명하고 있다. 정부술을 제대로 이해하지 못하고 있음을 알 수 있다.

(24-1) 익적의 차상 실은 그 수들이 같은 부호이므로 서로 더하여 늘어난다. 따라서 (차상을 구하기 위한 방정식은) 반드시 번감이 나타나야 하고, 실과 다른 부호를 가지는 것이 법이 되어 줄어들 수 있다. 번적의 차상 실은 법이 실의 자리에서 더 크고, 따라서 반드시 번감이 나타나야 하고, 실과 같은 부호를 가지는 것이 법이 되어 거꾸로 빼야 한다.

益積之次商實 卽以同類之數 相加而長
故必翻減得 與實異名之數爲法 以消之也[1]
翻積之次商實 卽法長而居實位
故必翻減得 與實同名之數爲法[2] 反消之也

1) **(21-1)**의 예문과 주 2)에서 다룬 두 문제의 증승개방법을 참조하면, 세 경우 모두 정의 실이 증가하여 차상에서 문제가 해결되려면 법의 부호가 부負로 되는 항이 있어야 한다. 세 경우 모두 그 과정에서 번감翻減이 나타나고 있는데 이를 뜻하는 것으로 보인다. 일반적으로 임의의

계수에 대하여 이 명제가 성립하는지 알 수 없다.

2) **(23-1)**의 주 2), 3)의 증승개방법에서 번감이 나타나는데 이 경우도 위의 1)과 같이 임의의 계수에 대한 명제가 성립하는지 알 수 없다.

[25] 따라서 상수가 너무 큰 경우에는 반드시 법과 실의 부호가 나누어지지 않고 따라서 차상이 불가능하므로 속상續商은 부수가 되어 줄어져야 한다.

故商數過多者 必法實無分 不能次商 則續商[1)]負數以消之

1) 속상은 차상과 특별히 구별할 필요는 없지만 다음에 나오는 문장으로 보아 저자는 이를 섞어 쓰거나, 아니면 초상, 속상, 차상 순서로 상의 근사값을 나타내었다.

(25-1) 『사원옥감』 단필호은의 제4문의 초를 예로 들자.
방정식 $25x^2-28x-56256(=0)$을 풀어 48자를 얻는다.
만일 (초)상을 잘못하여 50자로 하였다고 하자.
상 50자와 우를 곱하여 1250자를 얻고 종렴을 빼서 <부호가 다르면 뺀다> 그 나머지 1222자를 얻고 이는 정렴이 된다.
이를 다시 상수 50자와 곱하여 61100자를 얻고 실을 빼서 <부호가 다르면 뺀다> 나머지 4844를 얻는데 번적으로 그 부호는 정이다.
다시 상수 50자와 우를 곱하여 1250자를 얻어 정렴에 더하여 <같은 부호는 더한다> 2472보를 얻고 이는 정렴이 된다.
실, 염, 우 삼층 모두가 같은 부호를 가지므로 상수商數가 너무 크다는 것을 알아낸다.
따라서 속상은 부수 2자로 하여 우와 곱하여 50자를 얻고 <정, 부를 곱하였으므로 부호는 부가 된다. 아래의 모든 경우도 마찬가지이다>,
정렴에서 빼서 정인 2422를 얻는다 <서로 다른 부호는 뺀다>.
속상 2자와 이를 곱하여 부인 4844자를 얻고 여실에서 빼서 0이 된다 <역시 서로 다른 부호는 뺀다>.
속상은 부수 2자이므로 초상 50자에서 이를 빼서 48자를 얻는다.
만약 잘못하여(초)상을 60자로 하였다면 우와 곱하여 1500자를 얻고 종렴을 빼서 <역시 다른 부호는 뺀다> 염은 정인 1472사가 된다.
다시 상 60자와 이를 곱하여 88320자를 얻어 실을 빼서 <부호가 다르면 뺀다> 나머지 32064자를 얻고 번적으로 그 부호는 정이 된다.

또 상수 60자와 우를 곱하여 1500자를 얻고 정렴에 더하여 <같은 부호는 더한다> 정인 염 2972자를 얻는다.

실, 염, 우 삼층 모두가 같은 부호를 가지므로 상수商數가 너무 크다는 것을 알아낸다.

따라서 속상을 부인 10자를 택하여 우를 곱하여 부인 250자를 얻고 정렴에서 빼서 <역시 다른 부호이면 뺀다> 정인 2722자를 얻는다.

속상 10자와 이를 곱하여 부인 27220자를 얻고 여실에서 빼서 4844자를 얻는다 <역시 다른 부호는 뺀다>. 이는 차상의 실이 되고 부호는 정이다.

또 속상 10자와 우를 곱하여 부인 250자를 얻고 정렴에서 빼서 정인 2472자를 얻는다 <다른 부호는 뺀다>.

차상으로 부수 2자를 우와 곱하여 250자를 얻고 이를 정렴에서 빼서 나머지 2472자를 얻는데 <역시 부호가 다르면 뺀다> 그 부호는 정이다.

이를 차상 2자로 곱하여 4844자를 얻고 차상 실에서 빼서 0이 된다 <역시 부호가 다르면 뺀다>.

속상과 차상을 합하여 부수 12자가 되고 이를 초상 60자에서 빼서 역시 48자를 얻는다.

이들 감종은 변하여 번적이 된다고 한다.

대저 상수가 과다하면 교종, 감종이 항상 번적이 되고, 법과 실은 같은 부호를 갖는다.

화종이 번이 되지 않는다는 것은 때로는 번적이 되고 또 때로는 번적이 되지 않기 때문이다.

번적인 경우에도 때로는 번적이 아니거나 때로는 번적이 되고 또 이 경우에도 익적으로 바뀌어 지고 모든 염, 우의 법이 실과 같은 부호가 될 수도 있고 또는 실과 다른 부호를 가지는 경우가 있어서 그 사이를 살펴야 한다.

법의 자리에서 모자라는 경우에는 상이 정수正數가 될 수 있고 실수는 0이 된다.

여실의 자리에서 법과 같은 부호를 가지면 반드시 속상은 부수가 되어야 하고, 초상인 정수正數에서 이를 빼야 한다. 이것으로 소장의 이치를 알 수 있다.

如四元玉鑑端匹互隱第四問草[1]

−56256　開平方得四十八尺

　−28

　25

而誤商五十尺 乘隅得一千二百五十尺 内減從廉 <卽異減也>

餘一千二百二十二尺爲正廉

仍以商數五十尺 乘之得六萬一千一百尺 内減實 <卽異減也>

餘四千八百四十四尺翻積爲正

又以商數五十尺 乘隅得一千二百五十尺 加於正廉 <卽同加也>

得二千四百七十二尺 仍爲正廉

是實廉隅三層俱正爲同名 審得商數過多

故續商負數二尺 乘隅得負數五十尺

<正負相乘 故爲負 下皆倣此>

以減正廉 得二千四百二十二尺 <卽異減也> 仍爲正

以續商二尺 乘之得負數四千八百四十四尺

與餘實相減恰盡 <亦異減也>[2]

於是以續商負數二尺 減於初商五十尺 得四十八尺也

若誤商六十尺 乘隅得一千五百尺 内減從廉 <卽異減也>

餘一千四百七十二尺爲正廉

仍以商數六十尺 乘之得八萬八千三百二十尺 内減實 <亦異減也>

餘三萬二千六十四尺 翻積爲正

又以商數六十尺 乘隅得一千五百尺 加於正廉 <卽同加也>

得二千九百七十二尺 仍爲正廉

是實廉隅三層俱止爲同名 審得商數過多

故續商負數十尺 乘隅得負數二百五十尺 以減正廉 <亦異減也>

得二千七百二十二尺 仍爲正

以續商十尺 乘之得負數二萬七千二百二十尺

與餘實相減 餘四千八百四十四尺 <亦異減也> 爲次商實 仍爲正

又以續商十尺 乘隅得負數二百五十尺

以減正廉 餘二千四百七十二尺 <亦異減也> 仍爲正

次商負數二尺 乘隅得負數五十尺 以減正廉 餘二千四百二十二尺

<亦異減也> 仍爲正

以次商二尺 乘之得四千八百四十四尺 與次商實相減恰盡 <亦異減也>[3]
於是以續商及次商 共負數十二尺 減於初商六十尺 亦得四十八尺也
此減從變爲翻積也
凡商數過多 則較從減從 恒爲翻積 而法實必俱同名[4]
和從之不翻者[5] 或翻積或仍不翻
翻積者 或不翻或仍翻 亦或有變爲益積者
皆廉隅諸法 與實同名
而或有與實異名者 參於其間
不足爲法之主 而可商正數 則實數已盡消減
而在位之餘實 乃與法同類者
故必續商負數 以減於初商之正數
此可以見消長之機也

1) 『사원옥감』의 단필호은의 제5문의 초는 다음과 같다.

지금 비단이 있는데 가로의 제곱에서 세로를 뺀 것과 세로의 제곱에서 가로를 뺀 것을 더하여 3516자를 얻는다.
또 가로는 세로보다 그 4분의 1이 더 크다.
가로와 세로의 길이는 각각 얼마인가?
답은 가로는 4장 8자(=48자), 세로는 3장 6자(=36자)이다.
술은 다음과 같다. 가로를 천원일로 하여 주어진 조건을 써서 −56256을 상수항, −28을 1차항, 25를 2차항의 계수로 하는 2차방정식을 풀어 가로를 얻는다.
今有錦一端長自乘內減匹長 又匹長自乘內減端長
二餘相併共得三千五百一十六尺
只云端長多於匹長四分之一 問端匹各長幾何
答曰 端長四丈八尺 匹長三丈六尺
術曰 立天元一爲端長 如積求之 得五萬六千二百五十六爲益實 二十八爲益方 二十五爲正隅 平方開之 得端長 合門

초는 다음과 같다. 가로를 천원일(= x)로 놓고, 천원의 3배인 $3x$를 분자로 4를 분모로 하는 것이 세로이다. 지금 나누어 떨어지지 않으므로 편의상 세로를 4배한 것으로 바꾸자. 천원을 4배하여 가로의 4배인 $4x$를 얻고 이를 제곱하여 가로의 제곱의 16배인 $16x^2$을 얻는다.
4배의 세로를 4로 곱하여 16배의 세로인 $12x$를 얻고 이를 16배의 가로의 제곱에서 빼서 16배의 가로 쪽의 나머지인 $16x^2-12x$를 얻는다.
또 4배의 세로를 제곱하여 세로의 제곱의 16배인 $9x^2$을 얻고, 역시 4배의 가로를 4배하여 16배의 가로인 $16x$를 얻는다.
이를 세로의 제곱의 16배에서 빼서 세로 쪽의 나머지인 $9x^2-16x$를 얻고 이들 두 나머지를 더하여 주어진 조건에서 얻어지는 것의 16배인 $25x^2-28x$를 얻고 이를 왼쪽에 두자.
두 합을 16배하여 56256을 얻고 이는 위의 왼쪽에 둔 식과 같으므로 이를 빼서 $25x^2-28x-56256(=0)$을 얻고, 이차방정식을 풀어 가로의 길이 48자를 얻고 이의 4분의 3인 36자는 세로의 길이가 된다.

草曰 立天元一爲端長 以分子三乘之 得 太 合如分母四而一爲匹長
3

今不除便爲四端匹長轉 以四通天元得 太 爲四段端長 自之得 太 爲十
4
0
16

六段端長自乘 副以四通四段匹長 得 太 爲十六段匹長 以減十六段端
12

長自乘 得 太 爲十六段端餘 又四段匹長自之 得 太 爲十六段匹長
−12 / 0
16 / 9

自乘 亦以四通四段端長 得 太 爲十六段端長 以減十六段匹長自乘
16

得 太 爲十六段匹餘 併二餘 得 太 爲十六段如積 寄左
−16 / −28
9 / 25

乃以十六通共得尺 得五萬六千二百五十六爲同數 消左得 −56256
−28
25

開平方 得四十八尺爲端長 四而三 得三十六尺爲匹長 合問

2) 풀이를 간단히 나타내면 다음과 같다.

25	−28	−56256	(50	25	2472	4844	(−2
	1250	61100			−50	−4844	
25	1222	4844		25	2422	0	
	1250						
25	2472						

3) 현대적 풀이는 다음과 같다. 차상(=−2)에 대한 풀이는 위의 2)의 두 번째 경우인데 저자는 이를 다시 설명하고 있으므로 생략한다.

25	−28	−56256	(60	25	2972	32064	(−10
	1500	88320			−250	−27220	
25	1472	32064		25	2722	4844	
	1500						
25	2972						

4), 5) **(18-1)**의 주 5), 6)을 참조하라.

[26] 상수商數가 너무 작은 경우에는 반드시 법과 실이 어울리지는 않는다. 차상뿐만 아니고 정수인 속상을 상수(= 초상)에 더하여야 한다.

商數過少者 必法實不稱 無以次商 則續商正數 以加之

(26-1) 『익고연단』 제24문 초를 예로 들자.

2차방정식 $-1.75x^2+108x-1449$ (=0)를 풀어 42보를 얻는다.

상을 잘못하여 20보로 택하였다면 20보와 우 (=−1.75)를 곱하여 35보를 얻고 종렴에서 빼면 <다른 부호는 뺀다> 정인 73보를 얻는다.

이를 상수 20보와 곱하여 1460보를 얻어 실을 빼면 <역시 다른 부호는 뺀다> 11보를 얻고 번적으로 정이 된다.

또 상수 20보와 우를 곱하여 30보를 얻고 종렴 73보에서 빼면 <역시 다른 부호는 뺀다>, 나머지가 38보인데 이는 정이 된다.

실과 종렴이 같은 부호인 것을 보고 또 종렴이 매우 크므로 다음 상은 번감이 될 수 없다.

속상을 20보로 하여 우와 곱하여 35보를 얻고 종렴 38보에서 빼면 <역시 다른 부호는 뺀다> 정인 3보를 얻는다.

속상 20보와 이를 곱하여 60보를 얻어 여실에 더하여 <즉 같은 부호는 더하여 익적이 된다> 71보를 얻고 이는 차상을 위한 실이 되고 정이다.

다시 속상 20보와 우를 곱하여 35보를 얻고 종렴 3보에서 빼면 <즉 다른 부호는 뺀다> 나머지는 32보인데 부로 변한다 <즉 번종이 된다>.

차상으로 2보를 택하여 우와 곱하여 3.5보를 얻어 종렴 32보와 더하여 <즉 같은 부호는 더한다> 35.5보를 얻고 부호는 여전히 부이다.

차상 2보와 이를 곱하여 71보를 얻고 차상 실과 상쇄되어 0이 된다 <즉 다른 부호는 뺀다>.

속상과 차상을 더하여 22보를 얻고 이를 초상 20보에 더하여 42보를 얻는다.

만약 초상을 30보로 택하였다면 이와 우를 곱하여 52.5보를 얻어 종렴에서 빼면 <역시 다른 부호는 뺀다> 정인 55.5보를 얻는다.

상수商數 30보와 이를 곱하여 1665보를 얻는데, 실을 빼면 <역시 다른 부호는 뺀다> 나머지는 216보이고 번적으로 정이 된다.

또 상수 30보와 우를 곱하여 52.5보를 얻고 종렴 55.5보에서 빼서 나머지는 3보이고 그 부호는 정이다.
여실이 매우 크고 또 종렴과 같은 부호임을 살핀다.
따라서 차상은 번감의 나머지가 되어 법이 될 것이 없다.
따라서 속상을 10보로 택하고 우와 곱하여 17.5보를 얻어 종렴 3보에서 빼면 <역시 다른 부호는 뺀다> 나머지는 14.5보인데 부로 바뀐다 <즉 번종이다>.
속상 10보와 이를 곱하여 145보를 얻고 실에서 빼면 <역시 다른 부호는 뺀다> 그 나머지는 71보이고 이는 차상을 위한 실이 되고 정이다.
또 속상 10보와 우를 곱하여 17.5보를 얻어 종렴 14.5보와 더하여 <역시 같은 부호는 더한다> 부인 32보를 얻는다.
차상으로 2보를 택하여 우와 곱하여 3.5보를 얻어 종렴 32보와 더하여 <즉 같은 부호는 더한다> 35.5보를 얻고 부호는 여전히 부이다.
차상 2보와 이를 곱하여 71보를 얻고 차상실과 상쇄되어 0이 된다 <즉 다른 부호는 뺀다>.
속상과 차상을 더하여 12보를 얻어 초상 30보에 더하여 역시 42보를 얻는다.
이 번적은 여전히 번적이 된다. 잘못 설정된 상 20보의 경우는 익적도 겸하고 있다.
대저 상수가 너무 작게 선택되면 익적은 항상 변하지 않는다.
그러나 번적은 때로는 변하기도 하고 변하지 않기도 한다.
여실이 반드시 크거나 혹은 여실이 비록 크지 않더라도 같은 부호를 가진 수들이 매우 클 수 있다.
차상으로 내려 갈 때 다른 부호는 뺀다는 법칙이 있어서 서로 꼭 맞아 떨어지지는 않는다.
따라서 속상인 정수를 더한 후에 다음으로 내려가는 것이 좋다.
역시 소장의 법칙은 말하지 않더라도 그 중심에 있는 것이다.

如益古演段第二十四問草[1)]

−1449　　開平方得四十二步

108

−1.75

而誤商二十步 乘隅得三十五步 減於從廉 <卽異減也>
得七十三步 仍爲正
以商數二十步 乘之得一千四百六十步 内減實 <亦異減也>
餘十一步 翻積爲正
又以商數二十步 乘隅得三十五步 減於從廉七十三步 <亦異減也>
餘三十八步 仍爲正
乃審實與從廉爲同類 而從廉尚多 次商無以翻減
故續商二十步 乘隅得三十五步 減於從廉三十八步 <亦異減也>
餘三步 仍爲正
以續商二十步 乘之得六十步 加於餘實 <卽同加爲益積>
得七十一步 爲次商實 仍爲正
又以續商二十步 乘隅得三十五步 内減從廉三步 <卽異減也>
餘三十二步 變爲負 <卽翻從也>
次商二步 乘隅得三步半 加於從廉三十二步 <卽同加也>
得三十五步半 仍爲負
以次商二步 乘之得七十一步 與次商實 相減恰盡 <卽異減也>
於是以續商及次商 共二十二步 加於初商二十步 得四十二步也[2)]
若誤商三十步 乘隅得五十二步半
減於從廉 <卽異減也> 餘五十五步半 仍爲正
以商數三十步 乘之得一千六百六十五步
内減實 <亦異減也> 餘二百十六步 翻積爲正
又以商數三十步 乘隅得五十二步半
減於從廉五十五步半 <亦異減也> 餘三步 仍爲正
乃審餘實過多 又有同類之從廉
次商翻減之餘數 無以爲法
故續商十步 乘隅得十七步半
内減從廉三步 <亦異減也> 餘十四步半 變爲負 <卽翻從也>
以續商十步 乘之得一百四十五步
與餘實相減 <亦異減也> 餘七十一步 爲次商實 仍爲正
又以續商十步 乘隅得十七步半 加於從廉十四步半 <卽同加也>
得三十二步 仍爲負
次商二步 乘隅得三步半 加於從廉三十二步 <亦同加也>

得三十五步半 仍爲負
以次商二步 乘之得七十一步
與次商實 相減恰盡 <卽異減也>
於是以續商及次商 共十二步
加於初商三十步 亦得四十二步也[3]
此翻積仍爲翻積 而誤商二十步者 又兼益積也[4]
凡商數過少 則益積者 恒不變
翻積者 或變或不變[4]
而餘實必大 或餘實雖無多 同類之數甚大
次商退位 則與異名之法 不相稱停
故續商正數相加 然後退位
亦消長之理 默寓於其中也

1)『익고연단』의 제24문과 그 초는 다음과 같다.

지금 정사각형과 원으로 된 밭이 있는데 넓이의 합은 1467보이다. 또 정사각형의 한 변과 원의 지름을 합하여 54보를 얻는다. 변의 길이와 지름은 각각 얼마인가?
답은 변의 길이는 12보이고 원의 지름은 42보이다.
今有方圓田合一段共計積一千四百六十七步
只云方面與圓徑相寄 得五十四步 問面徑各多少
答曰 方面一十二步 圓徑四十二步

법은 다음과 같다. 원의 지름을 천원일($=x$)로 놓고 54에서 빼면 정사각형의 변의 길이인 $54-x$를 얻고, 이를 제곱하여 정사각형의 넓이인 하식下式 $x^2-108x+2916$을 얻어서 이를 위에 두자.
다시 천원인 지름의 제곱의 4분의 3인 $0.75x^2$을 얻는데, 이는 원의 넓이이다($\pi=3$으로 계산하고 있다). 이를 위에 둔 것과 합하여 $1.75x^2-108x+2916$을 얻는데 이는 여적如積이고 왼쪽에 두자.
다음으로 진적眞積 1467보와 위의 왼쪽에 둔 식과 상쇄하여 $-1.75x^2+108x-1449(=0)$을 얻고 이를 도적倒積과 도종倒從이 포함된 2차방정식 풀이에 의하여 원의 지름 42보를 얻고 합 54보에서 이를 빼서 정사각형의 변의 길이를 얻는다.

法曰立天元一爲圓徑 減寄步五十四步得 54太[a) 爲方田面
−1

以自乘求得下式

2916 爲方田積於頭位 再立天元圓徑以自之 又三之四而一得 0元[a)
−108 0.75
1

爲圓積也 併入頭位得 2916 爲一段如積[b)寄左 然後列眞積[c)一千四百六
−108
1.75

十七步 與左 相消 得 −1449 倒積[d)倒從[e)開平方 得四十二步
108
−1.75

爲圓田徑也 以減寄步卽方面

a) 이야李也는 그의 『측원해경』(1248)과 달리 『익고연단』(1259)에서 천원술은 우리가 사용하고 있는 방법을 사용하고 있다. 다만 상수항을 太, 천원 항을 元자를 첨가하여 나타내고 있다 (**(6-10)** 주 1)의 b) 참조).

b), c) 『익고연단』에서 미지수가 포함되어 있는 면적을 여적如積이라 하고 그렇지 않은 경우의 면적을 진적眞積이라 하고 있다.

d), e) 번적과 번종을 각각 도적倒積과 도종倒從이라 하였다.

2) 풀이는 다음과 같다.

−1.75	108	−1449	(20	−1.75	38	11	(20	−1.75	−32	71 (2
	−35	1460			−35	60			−3.5	−71
−1.75	73	11		−1.75	3	71			−35.5	0
	−35				−35					
−1.75	38			−1.75	−32					

3) 풀이는 다음과 같다. 이 경우도 차상 2를 구하는 것은 위의 2)와 같으므로 생략한다.

−1.75	108	−1449	(30	−1.75	3	216	(10
	−52.5	1665			−17.5	−145	
−1.75	55.5	216		−1.75	−14.5	71	
	−52.5				−17.5		
−1.75	3			−1.75	−32		

4) 위의 주 2)에서 초상을 20으로 추정하면 (−1449 +1460 =11) 번적이 되고, 그 후 속상을 다시 20으로 추정하면 (11 +60 =71)에서 익적이 된다.

[27] 뒤섞여 어지러운 변화가 일어나고 천 가지 시작과 만 가지 끝이 있는데 정부를 버리면 정리될 것이 하나도 없다. 따라서 그 사용이 오묘하고 무궁하다고 한다.

錯綜變幻 千緖萬端 舍正負 則無以紀焉 故曰 妙用無窮也

(27-1) 영뉵을 보면 단서는 뒤엉켜 있지만 정부가 그를 바로 잡고 주객의 자리를 구별하고, 그 작용의 이치를 알아내어 질서가 정연하고 문란하지 않다.

盈朒互見 端緖糾紛者 正負爲之綱紀
而辨主客之位 審消息之機 故秩然不紊也

[28] 『구장산술』의 방정에서 시작된다.

在九章 發端於方程

(28-1) 『구장산술』의 방정에 정부술이 시작된다.

九章算術 惟方程以正負術入之

[29] 진秦(구소九韶)은 전에 저술된 방정식의 풀이법에 대하여 말하고 있다.

秦道古述開方之法

(29-1) 초리당 순은 말하기를 진구소는 『수서구장』에서 방정식의 풀이법을 서술하고 있는데 그 세밀함과 간결함이 하나로 관통하고 있고 그 근원은 옛날 『구장산술』에 있고 매문정의 『소광습유』에서는 그 기능이 비할 바가 아니라고 하였다. 아래를 보라.

焦里堂循[1]曰 秦九韶 數書九章 述開方法 精簡貫通一
原於古九章 而逈非梅氏 少廣拾遺 所能及 詳見下

1) 이당里堂은 초순焦循(1763~1820)의 자字이다. 초순은 『이당학산기』里堂學算記 16권을 저술하였는데, 이는 『가감승제석』加減乘除釋 8권, 『천원일석』天元一釋 2권, 『석호』釋弧 3권, 『석륜』釋輪 2권 『석타』釋橢 1권으로 되어 있다.

[30] 이난성의 『측원해경』과 『익고연단』

李灤城[1] 測圓海鏡 益古演段

1) 이야李冶는 난성灤城 사람이므로 이난성이라 하였다. 또 경재敬齊는 그의 호이다.

(30-1) 『측원해경』은 이경재 야冶가 원도圓圖(=원성도식圓城圖式)의 내외에 15개의 직각삼각형의 여러 가지 변화를 이용하여 170개의 문제를 설정하고 있다.
『익고연단』은 이경재가 당시 저자를 알 수 없는 책을 구하여
조단세번도식을 보충하여 지었다.
무릇 이들 두 저서는 천원술의 시작이다.

測圓海鏡 李敬齋冶以圓圖內外十五勾股形
錯綜變幻 設一百七十問
益古演段 李敬齋取當時某人書 移補條段細緬圖式
蓋此二書 卽天元術之始也

[31] 곽태사는 황도와 적도를 구함에 천원술을 썼다.

及郭太史[1)]黃赤[2)]相求 以天元立術

1) 태사는 郭守敬(1213~1316)의 벼슬 이름이다.

2) 황, 적은 천구天球에서 각각 황도, 적도를 뜻한다. 자세한 내용은 참고도서『중국수학사대계』를 참조한다.

(31-1) 형대 사람 곽수경은『수시력』에서 황도 적도를 계산하는 법에서 천원일법을 쓰고 또 심괄의 탁회술을 이용하여 호시를 구하는데 4차방정식을 풀었다.

郭邢臺[1)]守敬 授時厤 黃道赤道相求之法
以天元一法 演沈括析會術[2)] 開三乘方 求弧矢[3)]

1) 곽수경이 형대邢臺사람이므로 곽형대라고 하였다.

2) 심괄의 탁회술은 그의 저서『몽계필담』에 제18권 기예技藝에 들어있는 회원술會圓術을 뜻한다.

이는 지름이 d인 원을 길이가 a인 현 AB로 잘라서 생기는 궁형弓形 모양의 밭을 할전割田이라 하고 a를 할전의 직경이라 부른다. 원의 중심 O에서 AB에 수선을 그려 현 AB와 궁형과 만나는 점을 각각 C, D라 할 때 CD의 길이를 할수割數라 하자. 실제로『구장산술』부터 할수割數는 시矢라고 불러왔다. 할수를 b, 궁형의 호弧의 길이를 c라 하면, a, b, c에 대한 관계를 다음과 같이 논하고 있다.

履畝之法 方圓曲直盡矣 未有會圓之術 凡圓田旣能析之 須使會之復圓
古法惟以中破圓法析之 其失有及三倍者 予別無析會之術 置圓田徑
半之以爲弦 又以半徑減去所割數 餘者爲股 各自乘 以股除弦
餘者開方除 爲勾 倍之爲割田之直徑[a)] 以所割之數自乘 退一爲倍之

又以圓徑除所得 加入直徑 爲割田之弧[b)] 再割亦如之 減去已割之數 則再割之數也

a) 직각삼각형 OAC에서 OA는 반지름 $\frac{d}{2}$로 이를 r이라 하자. 그러면 $\mathrm{OC}=r-b$, $\mathrm{AC}=\frac{a}{2}$이므로 구고술, 즉 피타고라스 정리에 의하여 $r^2=(\frac{a}{2})^2+(r-b)^2$에서 다음을 얻는다

$$\frac{a}{2}=\sqrt{r^2-(r-b)^2}$$

따라서 $a=2\sqrt{r^2-(r-b)^2}$ . . . (i)

을 얻어내었다.

b) 아무 증명 없이 호의 길이에 대하여

$$c=a+\frac{2b^2}{d} \quad . . . \text{(ii)}$$

이 성립한다고 하였다. 이는 물론 근사값이다.

심괄은 위의 문장 다음에 $d=10$, $b=2$인 경우 (i)을 써서 a를 구하고 (ii)를 이용하여 c를 구하는 예를 들고나서 다음과 같이 회원술을 끝내고 있다.

此二類皆造微之術 古書所不到者漫志于此

위의 (ii)는 궁형의 면적을 구하는 공식으로도 사용되는데 이는 부채꼴 OAB의 넓이$(=\frac{cr}{2})$에서 삼각형 OAB의 넓이$(=\frac{a(r-b)}{2})$를 빼면 되므로, 이를 이용한 궁형의 면적은 $\frac{1}{2}(cr-a(r-b))$로 된다. 『구장산술』의 제1권 방정의 제35문, 36문에서 궁형의 밭을 호전弧田이라 하고 그 면적은 $\frac{ab+b^2}{2}=\frac{(a+b)b}{2}$, 즉 밑변은 a, 윗변과 높이는 모두 b인 사다리꼴의 넓이로 근사하고 있다. 이를 호전술弧田術이라 부르고 있다.

3) 곽수경은 위의 (i), (ii)에서 a를 소거하여 ($r=\frac{d}{2}$), 호의 길이 c 가 주어 졌을 때 시矢(=호시弧矢) b에 대한 4차방정식

$$b^4+(d^2-cd)b^2-d^3b+\frac{c^2d^2}{4}=0$$

을 풀어 시를 구할 수 있음을 말하고 있다. 이를 곽수경은 호시할원술弧矢割圓術이라 하였다. 중국의 삼각법에서 矢는 正矢라 하여 割圓八線의 하나로 반지름이 r이고 중심각이 α인 경우 $r-r\cos\alpha$로 계산한다.

[32] 주한경 (=주세걸의 자字)은 지원, 인원, 물원으로 늘렸다.

朱漢卿 又增地元人元物元

(32-1) 주세걸은 『사원옥감』에서 천원, 지원, 인원, 물원을 태극의 상하 좌우에 늘어놓고 알지 못하는 것(=미지수)을 천원으로 처리하였다.

朱世傑 四元玉鑑 以天元地元人元物元
分布於太極之上下左右 以御天元之所未能御者

[33] 정부로 이들을 모두 처리함으로 정부의 뜻은 크다고 할 수 있다.

而皆藉於正負 正負之義大哉

(33-1) 방정이하 모든 법에서 모두 정부술이 들어 있다.

方程以下諸法 皆以正負術入之

[34] 방정술은 정부상당식으로 상쇄하여 한 개의 법과 한 개의 실을 구하는 것이다.

方程之術 以正負相當之數 相消得一法一實也

(34-1) 방정은 이미 정부상당인 식들을 사용하고 있으므로 나란히 늘어놓고(행렬로 놓고) 상쇄하여 한 개의 법과 한 개의 실로 바꾸는 것이다.

方程問數 已自正負相當
故對列相消 歸於一法一實也

[35] **천원술은 왼쪽에 둔 식과 다른 수를 상쇄하여 정부상당의 방정식을 얻어내는 것이다.**

天元之術 以寄左 與又數相消 得正負相當之開方式也

(35-1) **여적如積의 수(=미지수를 포함하는 넓이, 부피 등)는 왼쪽에 두는 것이다.**
<천원을 제곱하여 천원멱을 얻는 것은 정사각형의 변을 제곱하여 면적을 구하는 것과 같다>
또 수란 이미 알고 있는 수(=기지수)를 뜻한다.
여적의 수는 (주어진 조건에서) 반드시 기지수와 같아지므로
이들을 상쇄하여 정부상당의 방정식을 얻어낼 수 있다.

寄左如積之數也
<卽以天元自乘 得天元羃 如以方邊自乘 得面積之類也>
又數已見之數也
如積之數 必取已見數之同數
故相消得正負相當之開方式也

[36] **다원술이란 정부상당식이 여러 개 있고 여러 과정을 통하여 상쇄하여 한 개의 방정식을 얻어내는 것이다. 따라서 이를 푼다는 것은 결국 천원에서 방정에 포함된다고 할 수 있다.**

多元之術以正負相當之諸式 輾轉相消 至於一行開方式
故解者 謂之 寓方程於天元也

(36-1) **천지인물 네 가지는 각각 원(=미지수)으로 택하여지고**
따라서 정부상당식을 얻어내지만 이를 풀 수는 없다.
구하는 수를 얻으려면 반드시 상쇄하여
한 행에 이르러 단 한 개만의 원을 남긴 후에 천원술에서의 방정식을 얻어야 된다.

이는 방정에서 상쇄하여 한 개의 법과 한 개의 실을 얻는 것과 비슷할 뿐이다.
따라서 이를 천원술에서 방정에 포함되고 있다고 하였다.

天地人物 各自立元
故雖有正負相當之式 不可以開方
得所求之數 必相消
而至於一行 然後只餘一元
同於天元術之開方式也
與方程之相消 得一法一實
不啻相似 故謂之寓方程於天元之術也

[37] 최근에 서양 사람들의 차근방술에 대하여 매우 자세히 설명하고 있는 경우가 많은데, 매문목이 말하기를 이는 천원술을 충실하게 논하면 된다고 하였다.

近者西人 借根方術 說之甚詳解之者多 而梅文穆謂 卽天元術誠篤論也

(37-1) 차근방술의 진수는 바로 태太이고 근은 원元이며,
다소와 정부는 비슷하므로 차근방술은 바로 천원술이다.
매문목공 각성은 천원일이 바로 차근방임을 서문에서 다음과 같이 말하였다.
『수시력』 초를 읽어보면 현시弦矢를 구하는 법이 있는데, 먼저 시矢를 천원일로 놓고 있고,
원나라 학사 이야의 저서 『측원해경』에서도 역시 천원일을 세워 계산하고 있다.
노魯자가 어魚자로 잘못 전달되는 것처럼 수식에 착오가 있어 오히려 읽기가 쉽지 않게 되었다.
명대의 당형천과 고약계 두 사람은 서로 높이 받들어 존중하고 있고
그 중에 삼매를 얻었다고 스스로 말하고 있다.
형천의 말을 들어보면 재주 있는 사람들이 책을 저술하였는데 때때로 그 이치를 감추어 이상하게 만들었다고 하였다.
또, 소위 천원일을 세운다느니 여적구지를 한다느니 하지만, 마음대로 이들이 무슨 말인지 자세히 살피지 않고 있다.
약계도 말하기를 『측원해경』을 자세히 살피니, 성의 지름을 구하는 것을 예로 들면서 지름 240을 천원으로, 또는 반지름 120을 천원으로 한다고 하였는데 이미 그 수를 알고 있는데 무엇 때문에 이를 계산하려고 하고, 따라서 천원을 세울 필요가 없다고 하였다.
두 사람의 말이 이러한데 고약계가 말한 대로 풀 것이 없다는 것은 매우 뜻밖이다.
성조聖祖 인황제仁皇帝(=강희康熙)의 명에 따라 차근방법이 받아들여졌다.
또 그는 서양 사람들이 말하는 이 책을 아이열팔달(=algebra)이라

부르라 하고 이는 동쪽에서 온 법이라는 뜻이라고 하였다.
이를 읽어보면 그 법이 신묘하고 확실히 그 산법은 지침이 되는 것을 받아들일 수 있다.
그러나 의심할 것 없이 이는 천원술과 매우 비슷함을 알 수 있다.
다시 『수시력』 초를 택하여 보면 의심스럽던 것이 얼음 녹듯이 없어지고 대체로 이름만 다를 뿐 실은 같은 것이다.
바로 그 자신이라고 해도 좋다.
원대, 학사의 저서 대관치력을 보아도 바로 차근방이 천원술과 다르지 않음을 알 수 있다.
어떤 이유로 그것이 전해지지 않았는지 알 수 없지만
그래도 다행히 옛사람을 존경하여 그를 다시 얻어내고 동쪽에서 온 이름을 얻어내었다.
이는 스스로 잊어버릴 수 없는 바인데
명대에 사람들이 이를 쓸데없는 것으로 보고 그를 버리려고 하였다.
아아! 당, 고 두 사람과 같은 배움을 좋아하고 깊이 생각하는 사람들 조차 그 뜻을 알 수 없었다.
식견이 깊지 않고 들은 것이 적은 것에 대하여 무슨 말을 할 가치가 있는가? 무슨 말을 할 가치가 있는가?
공(=매각성)은 물암의 손자로 일찍이 가훈을 잘 이어나가고
또 『수리정온』을 편찬한 사람이고, 세상 사람들은 산가의 대가로 받들고 있다.
차근방법을 읽은 후에 천원술을 이해하게 되었다.
옛날 수학이 명대에 실전된 나머지, 혼돈 상태로 되었다.
기반이 흔들리는 것을 찾지 못하였다면 어찌 되었을까?
정부의 법칙에서 이상할 것이 없다. 얇은 막이 차단되는 것이다.

借根方術之眞數卽太也 根卽元也
多少與正負相似[1) 故謂卽天元術也
梅文穆公瑴成天元一卽借根方序[2)曰
嘗讀授時厤草 求弦矢之法
先立天元一爲矢
而元學士李冶所著測圓海鏡 亦用天元一立算

傳寫魯魚 算式訛舛 殊不易讀
前明唐荊川[3] 顧箬溪[4]兩公 互相推重
自謂得此中三昧
荊川之説曰 藝士著書 往往以秘其機爲奇
所謂立天元一云爾 如積求之云爾
漫不省其爲何語
而箬溪則言 細考測圓海鏡 如求城徑
卽以二百四十爲天元 半徑卽以一百二十爲天元
旣知其數 何用算爲似不必立可也
二公之言如此
余於顧説 頗不謂然 而無以解也
後供奉内廷 蒙聖祖仁皇帝 授以借根方法
且諭曰 西洋人名此書爲阿爾熱八達
譯言東來法也
敬受而讀之 其法神妙 誠算法之指南
而竊疑天元一之術頗與相似
復取授時厤草觀之
乃渙如氷釋 殆名異而實同
非徒曰似之已也
夫元時學士著書 臺官治厤
莫非此物 不知何故遂失其傳
猶幸遠人慕化 復得故物 東來之名
彼尚不能忘所自
而明人獨視爲贅疣而欲棄之
噫 好學深思如唐顧二公
猶不能知其意
而淺見寡聞者 又何足道哉 何足道哉[2]
公以勿庵之孫 早承家庭之訓
又與聞於數理精蘊 編纂之役
世推算家之大方 而讀借根方法
然後始解天元一術
古算在明絶學之餘 尚屬草昧

未尋墜緖 從可知矣
而其於正負之理 無怪乎 猶障一膜也

1) 차근방술에서는 상수항, 즉 천원술에서 태太를 진수라 하고, 또 천원술에서 원元을 근이라 하며, 이들의 제곱, 세제곱, 네제곱, ··· 등을 평방, 입방, 3승방, ··· 등으로 나타내어 다항식을 표시하고 방정식을 푼다. 실수 a_0, a_1, a_2, a_3, a_4에 대하여, a_0, a_1x, a_2x^2, a_3x^3, a_4x^4을 각각 眞數 a_0, a_1根, a_2平方, a_3立方, a_4三乘方 등으로 나타내고 이들의 합을 계수가 양인 경우는 "다多", 음인 경우는 "소少"로 나타낸다. 이렇게 나타난 다항식 $p(x)$와 $q(x)$가 같다는 것을 $p(x)$與$q(x)$等 혹은 $p(x)$與$q(x)$相等을 써서 등식의 개념을 정확하게 써서 방정식을 나타낸다. 또 전술한 대로 『수리정온』의 차근방비례에서 다多는 "丄"로 소少는 "－", 등호는 현재의 등호 "＝"를 사용하여 "＋"기호만 다를 뿐 현재의 다항식, 방정식의 표시와 같은 방법을 사용하였다. 따라서 "다소"와 "정부"는 다항식의 표시에서는 "상사相似"가 아니라 완전히 일치한다. 다음 **[38]**의 주를 참조하자.

2) 매각성의 『적수유진』赤水遺珍의 서문에 있는 문장이다.

3) 당순지唐順之(1507~1560)의 호가 형천 荊川이다. 그의 자는 응덕應德이고 저서로 『구고등육론』句股等六論이 있다.

4) 고응상顧應祥(1483~1565)의 호가 약계도인箬溪道人이고 저서는 『측원해경분류석술』測圓海鏡分類釋術(1550), 『호시산술』弧矢算術(1552), 『구고산술』句股算術(1533), 『측원산술』測圓算術(1533) 등이 있다.

특히 그의 『구고산술』에서 3차방정식 $ax^3+bx^2+cx=d$를 푸는 방법으로 초상을 x_1, 차상을 x_2라 하고, $d-(ax_1^3+bx_1^2+cx_1)$ 를 d_1이라 하면 x_2는 다음 방정식의 해가 되는 것을 이용하고 있다. (위의 방정식에 $x=x_1+x_2$을 대입하여 정리한 것이다.)

$$ax_2^3+(3ax_1+b)x_2^2+(3ax_1^2+2bx_1+c)x_2=d_1.$$

이 방법은 증승개방법과 기본적으로 같다. 그러나 조립제법을 사용하는 증승개방법에는 미치지 못하는데, 경선징慶善徵 (1616 ~ ?)의 『묵사집산법』默思集算法에도 들어 있다.

이와 같은 방법으로 2차방정식을 푸는 것은 송대 초기에 유익劉益이 먼저 그의 『의고근원』議古根源에서 사용하였다.

즉 2차방정식 $ax^2+bx=c$의 초상을 x_1, 차상을 x_2라 하고, $c-(ax_1^2+bx_1)$ 를 c_1이라 하면 x_2는 위와 같이 하여 방정식

$$ax_2^2+(2ax_1+b)x_2=c_1$$

의 해가 된다. 이 방법도 홍정하洪正夏 (1684 ~ ?)의 『구일집』九一集에 들어 있다.

[38] 정부의 법칙을 알지 못하고 정부 대신에 다소로 상쇄 대신에 양변을 가감하면 끝내 한 행의 상당식을 얻지 못한다.

然未諳正負之理 故以多少代正負 以兩邊加減 代相消[1)]
終未得一行相當之式

1) 저자는 『수리정온』에 나와 있는 차근방술을 연구하여 1854년에 『차근방몽구』借根方蒙求를 출판하였다. 따라서 그는 "다소"가 위의 **(37-1)**의 주 1)에서 언급한 대로 다항식의 표시에서 계수의 정과 부를 나타내는 것을 완전히 이해하고 있었는데 이를 아래 **(38-1)**에서와 같이 영뉵으로 이해하고자 하는 것은 이해를 할 수 없고 또 소거하는 방법도 결국은 등식 $A=B$에서 $A+C=B+C$와 $A-C=B-C$를 주로 사용하는 것도 마찬가지인데 왜 저자가 차근방술에 대한 다른 견해를 나타내고 있는지 알 수 없다.

(38-1) 다소와 정부는 비슷하나 다소란 영뉵의 실체이다.
정부란 그 정보가 묘하게 쓰여 빈틈이 없다.
그래서 『구장산술』의 주에서 부負라고 말하는 것은 반드시 작다는 것이 아니고, 정正이라고 말하는 것은 반드시 크다는 것이 아니다.
양변을 가감한다는 것은 명백히 그 수들이 서로 같은 자리에서 양변의 법과 실이 구분되는 것이다.
따라서 끝내 한 행 안에 있는 정부상당식을 얻지 못하게 된다.

多少與正負相似 然多少者 盈朒之實體
正負者 消息之妙用 然有間焉
故九章算術注曰 負者未必負於少 正者未必正於多
且兩邊加減者 只所以明其數之相同 而分法實於兩邊
故終未得一行之内 正負相當之式也

[39] 더욱이 다원에서는 상통이 불가능하다.

尤不能相通於多元

(39-1) 『산학정의』 다원의 제1문 법을 예로 들자.
금식 $-x^2-6x+xy-9(=0)$**와 운식** $x^2+6x-2xy+y^2-7y+9\ (=0)$
를 상쇄하여 좌식 $-x^3-6x^2+x^2y-9x+xy-9y\ (=0)$**를 얻는다.**
만약 양변을 가감하였다면 끝내 좌식을 얻지 못했을 것이다.
좌식을 얻지 못하였을 뿐만 아니라 처음부터 금식 운식도 얻지 못 하였을 것이다.

如算學正義多元第一問法[1]

今式			與云式				相消 得左式		
	0	−9		1	−7	9		−9	太
	1	−6			−2	6		1	−9
		−1				1		1	−6
									−1

而若用兩邊加減 則終未可以得左式
不惟不可以得左式 初不可以得今式云式也

1) 『산학정의』 다원의 제1문과 그 법은 다음과 같다.

지금 직사각형의 넓이의 제곱근에서 활闊을 빼면 3보이고 또 장長의 제곱근은 장활교보다 3보가 모자란다. 두 변의 길이는 각각 얼마인가? 답은 장 16보, 활 9보이다.
今有直積平方開之減闊餘有三步 只云長以平方開之不及較三步
問長闊各幾何
答曰 長十六步 闊九步

법은 다음과 같다. 활闊을 천원($=x$), 장長을 지원($=y$)으로 놓고 天과 地를 곱하여 직적 xy를 얻고 활에 3보를 더하면 $3+x$가 되는데 이는 직적의 제곱근이다. 이를 제곱하여 직적 x^2+6x+9를 얻고 위의 직적과 상쇄하여 금식 $-x^2-6x+xy-9(=0)$를 얻고 이를 우식이라 하자.
또 地에서 天을 빼서 교 $y-x$를 얻고 또 3을 빼면 長의 제곱근 $-x+y-3$을 얻는데 이를 제곱하여 長 $x^2+6x-2xy+y^2-6y+9$를 얻어 지원과 상쇄하여 운식 $x^2+6x-2xy+y^2-7y+9(=0)$를 얻는다.
y(우식)$-$ x(운식)하여 좌식 $-x^3-6x^2+x^2y-9x+xy-9y(=0)$를 얻는다.
<천원으로 운식을 곱하면 산대 표시에서 모든 수들을 아래로 내리는 것이 된다. 그 고멱(y^2)은 변하여 句와 고멱의 곱(xy^2)이 된다.
또 지원으로 우식을 곱하면 산대 표시에서 모든 수들을 왼쪽으로 옮기는 것이 된다.
그 句와 股의 상승적(xy)은 역시 변하여 句와 고멱의 곱(xy^2)으로 변한다.
따라서 상쇄할 수 있게 하기 위하여 운식의 모든 수를 아래로 한층 내리므로 태가 있는 첫째 줄은 아래로 떨어진다.
만약 우식의 정부를 모두 바꾸어 이를 운식에서 빼면 역시 좌식 $-x+y-7(=0)$을 얻는다 (실제로 빼서 y로 나눈 식이다).
이는 상하 좌우로 옮겨서 상쇄하는 예이다>
좌 우식을 상쇄하여 (좌식$-$ x(우식)) $x-9(=0)$를 얻는다.
<법에 따르면 내외 이행을 서로 곱하여 상쇄하여 식을 얻지만, 좌 우식의 우행의 수들이 이미 모두 같으므로 바로 빼서 한 행을 얻을 수 있다. 따라서 산대 표시를 잘 살펴서 바로 빼도 좋다> 2차항이 없는 2차방정식을 풀어 <즉 위에 있는 실을 아래에 있는 법으로 나누는 것이다> 闊을 얻는다. 이에 3보를 더하여 제곱을 하면 직적이 되고 이를 闊로 나누면 長을 구할 수 있다.

法立天元一爲闊 地元一爲長 以天地相乘爲直積	0	太	以三步加闊
	1	0	

爲開方數	3	自乘亦爲直積	9	以消上 得 今式	0	−9	卽爲右式
	1		6		1	−6	
			1			−1	

又以天地相減爲較　1　太　仍減三步爲長開方數　1　−3　自乘爲長
−1　−1

1　−6　9　消地元 得云式　1　−7　9　用消右式爲左式
−2　6　−2　6
1　1

−9　太
1　−9
1　−6
−1

<以天元乘云式 使之俱下則 其股冪變爲句乘股冪也
又以地元乘右式 使之俱左則 其句股相乘積 亦變爲句乘股冪
故便可相消 而云式諸數旣下一層 故其上層在太之下
後倣此 若而以右式正負全變[a] 直消云式 卽亦得左式
1　−7　此爲上下左右之推移 相消設例也>
−1

乃以左右式相消 得式
−9
1

<法當內外二行各相乘後 相消 得式以左右式之右行數旣相
同 加以直消 得一行 故用省算直消下倣此>

開無隅平方　<卽上實下法除之[b]也>　得闊　加三步自乘爲直積　以闊除之得長

a) (운식)−(−1)(우식)을 하였는데 이는 (운식)+(우식)과 같음을 간과하고 있다. 항상 대응되는 자리수가 같을 때만 빼야 한다고 생각하고 있기 때문이다. 여러 번 언급한 $a-b=a+(-b)$임을 생각하지 않고 산대로만 계산하려고 하기 때문이다.

b) 상실은 −9인데 이것도 산대의 개수, 즉 절대값으로 상실을 생각하고 있기 때문이다. 이 역시 정부술을 정확히 이해하지 못하고 있기 때문이다.

[40] (차근방술을 써서) 방정식을 풀어 낼 때 매우 번거롭다.

而其開除之法 殊甚煩瑣

(40-1) 『수리정온』의 방정식의 풀이법은 극히 번거롭지만 차근방술은 매우 간단한 것이다.
지금 어떤 수의 세제곱에서 그 수의 제곱의 3배를 빼고 다시 그 수의 2배를 더한 것이 12144자와 같다고 하자, 즉 방정식 $x^3-3x^2+2x=12144$를 예로 들자.
(12144의) 2000자의 자리 때문에 해는 10자리의 수로 정한다.
먼저 초상을 20자로 하고 이를 세제곱하여 한 배의 입방적 $20^3=8000$자를 얻는다.
또 20자를 제곱하여 3배하면 1200자를 얻는데, 이는 3배의 평방적 $3\times20^2(=3x^2)$ 이다.
또 20자를 두 배하여 40자를 얻는데, 이는 2배의 근적 $2\times20(=2x)$ 이다.
입방적에서 3배의 평방적을 빼고 다시 2배의 근적을 더하여 6840자 $(20^3-3\times20^2+2\times20)$를 얻는다.
원적 $(=12144)$에서 이를 빼서 나머지 5304자를 얻는데 이는 차상 실이 된다.
초상 20자를 제곱하여 3배 $(=3x^2)$하면 1200자를 얻고 이는 한 배의 입방렴이 된다.
또 20자를 2배하여 3을 곱하면 $(=3\times2x)$ 120자를 얻는데, 이는 3배의 평방렴이 된다. 위의 입방렴에서 이를 빼서 다시 근수 2를 더하면 1082자를 얻는다.
여적 5304를 1082로 나누면 4배가 넘으므로 차상을 4자로 정하여 초상과 더하면 24자이다.
이를 세제곱하면 13834자를 얻고 이는 한 배의 입방적이 된다.
또 24자를 제곱하여 3배하면 1728자를 얻는데 이는 평방적의 3배이다.
또 24자를 2배하여 48자를 얻는데 이는 2배의 근이다.

입방적에서 평방적의 3배를 빼고 다시 2배의 근을 더하여 12144자를 얻고, 원적에서 빼면 0이 된다. 따라서 방정식의 해는 24자이다.
원래의 법(=증승개방법)과 비교하고 그 계산을 살펴보면 역시 이 계산은 매우 번거롭다.

數理精蘊 開方之法 極其繁冗
而借根方術別立簡法
如有[1]一立方 少三平方 多二根
與一萬二千一百四十四尺等
則二千尺上定十位
卽定初商二十尺 自乘再乘得八千尺爲一立方積
又以二十尺自乘三因 得一千二百尺爲少[2]三平方之共積
又以二十尺二因 得四十尺爲多[3]二根之共積
乃於立方積內 減去少[2]三平方積
加入多[3]二根積 得六千八百四十尺
減於原積 餘五千三百零四尺爲次商實
以初商二十尺 自乘三因 得一千二百尺爲一立方廉[4]
又以二十尺倍之三因 得一百二十尺爲三平方廉[4]
與立方廉相減 又加入根數二 得一千零八十二尺[4]
以除餘積足四倍 卽定次商四尺[5] 合初商 共二十四尺
自乘再乘 得一萬三千八百二十四尺爲一立方積
又以二十四尺 自乘三因 得一千七百二十八尺爲少[2]三平方之共積
又以二十四尺二因 得四十八尺爲多[3]二根之共積
乃於立方積內 減去少[2]三平方積 加入多[3]二根積
得一萬二千一百四十四尺
與原積相減恰盡 是開得二十四尺也
比原法 頗爲省算 然亦甚煩瑣也

1) 이 문제는『수리정온』하편 제33권에 들어 있는 대종입방帶從立方의 제8문이다.『수리정온』의 문제와 그 법은 다음과 같다. 저자의 인용의 번역으로 충분히 그 뜻이 전달되므로 번역은 하지 않는다.
設如有一立方 少三平方多二根 與一萬二千一百四十四尺相等

問每一根之數幾何
法列原積一萬二千一百四十四尺 按立方法作記 於四尺上定單位
二千尺上定十位 其一萬二千尺爲初商積 與二十自乘再乘之數相準
則定初商爲二十尺 書於原積二千尺之上
而以初商二十尺自乘再乘之八千尺 爲一立方積
又以初商二十尺自乘之四百尺三因之 得一千二百尺 爲少三平方之共積
又以初商之二十尺二因之 得四十尺 爲多二根之共積
於立方積內減去少三平方之共積[2] 餘六千八百尺 又加入多二根之共積[3]
得六千八百四十尺 書於原積之下相減餘五千三百零四尺 爲次商積
而以初商之二十尺自乘 三因之 得一千二百尺 爲一立方廉
又以初商之二十尺倍之 得四十尺 三因之 得一百二十尺 爲三平方廉
與立方廉相減 餘一千零八十尺 又加入根數二 得一千零八十二尺
爲次商廉法
以除次商積 足四倍 則定次商爲四尺 書於原積四尺之上
合初商共二十四尺 自乘再乘得一萬三千八百二十四尺 爲一立方積
又以二十四尺自乘之五百七十六尺 三因之
得一千七百二十八尺 爲少三平方之共積
又以二十四尺二因之 得四十八尺 爲多二根之共積
於立方積內減去三平方之共積 餘一萬二千零九十六尺
又加入多二根之共積 得一萬二千一百四十四尺
書於原積之下 相減恰盡 是開得二十四尺 爲每一根之數也
此法以積計之 爲一正方體少三平方復多二根之數 以邊計之
則所得每根之數 卽正方體之每一邊 亦卽平方之每一邊
因正方體之內少三平方 又多二根 故成磬折體而非正方體也

2), 3) 위의 **(37-1)**의 주 1)에서 설명한 대로 "다多"와 "소少"는 방정식의 계수가 각각 正과 負인 것을 나타내고 이는 실제로 多인 경우는 그 항을 더하는 것이고, 少는 그 항을 빼는 것과 같은데, 『수리정온』을 그대로 인용한 것으로, 절대값 3×20^2과 "少三平方之共積" 즉 -3×20^2을 같은 것으로 보고 있다. 더욱이 "減去少三平方之積" "加入多二根積"과 같이 표현하여 앞의 경우는 "$-(-3x^2)$"이 되어 그대로 번역하면 $3x^2$이 되는데 실제로 저자가 의도하는 바는 $-3x^2$이므로 잘못 표현된 것이다.

"加入多二根積"의 경우는 "$+(+2x)$"로 되어 원래 의도하는 $2x$와 같아지지만 "多二根積"으로 충분한 것이다.

이는 $p(x)=x^3-3x^2+2x-12144$에서 $p(20)$을 구하는 과정을 설명하는 것으로 현재 우리가 사용하고 있는 기호가 얼마나 편리한 것인지 알 수 있다.

4) **[5]**의 주 2)에서 우리는 증승개방법에 대하여 논하였는데 다항식 $p(x)=a_nx^n+a_{n-1}x^{n-1}+\ldots+a_1x+a_0$에 의하여 정의된 다항방정식 $p(x)=0$의 초상을 b로 정하였을 때, $x=y+b$로 놓고 차상 y를 구하는 방정식을 조립제법을 계속 사용하여 $p(y+b)$를 다음과 같이 구하였다.

$p(y+b)=a_ny^n+(a_{n-1}+nb)y^{n-1}+\ldots+d_2y^2+c_1y+b_0$, 즉

$p(x)=a_n(x-b)^n+(a_{n-1}+nb)(x-b)^{n-1}+\ldots+d_2(x-b)^2+c_1(x-b)+b_0$

따라서 차상을 위한 방정식의 계수는 다항함수 $p(x)$의 $(x-b)$에 대한 테일러(Taylor) 급수의 계수와 일치하게 된다. 따라서,

$$a_n=\frac{p^{(n)}(b)}{n!},\quad a_{n-1}+a_nb=\frac{p^{(n-1)}(b)}{(n-1)!},\ \ldots,\quad d_2=\frac{p''(b)}{2!},$$

$$c_1=p'(b),\quad b_0=p(b)$$

가 된다.

$p(x)=x^3-3x^2+2x-12144$에서, $p'(x)=3x^2-6x+2$, $p''(x)=6x-6$에 의하여 차상을 구하는 방정식은

$$y^3+57y^2+1082y-5304=0$$

이 되고, 이 방정식의 해가 4이므로 구하는 방정식의 해는 24가 된다. 이와 같은 방법은 남병길의 『산학정의』에 나타나 있는데, 저자와 『수리정온』은 이 방법을 선택하지 않고 아래 주 5)에서와 같이 하여 차상 4를 추정하여 바로 $p(24)=0$이 되는 것을 보여 방정식을 풀고 있다. 테일러 급수에 대한 정보는 없었지만 많은 증승개방법의 풀이에서 차상을 위한 방정식의 계수를 거듭되는 조립제법을 사용하지 않고도 위와 같은 방법으로 쉽게 구하는 알고리즘을 알고 있었을 것으로 추정된다.

5) 『수리정온』에서 방정식의 풀이에 현재 "뉴턴의 방법"으로 알려진

방법을 쓰고 있는데, 이를 저자는 당연히 이해할 수 없을 것으로 보인다.

위의 주 2)에서 설명한 대로 다항함수 $p(x)=x^3-3x^2+2x-12144$에서, $p'(x)=3x^2-6x+2$, $p''(x)=6x-6$이고, $x>0$이면 $p''(x)>0$이므로 $x_1=20$, $p(x_1)=-5304$, $p'(x_1)=1082$에서 뉴턴의 방법을 쓰면 $\frac{-p(x_1)}{p'(x_1)}=4+\frac{976}{1082}$에서 차상을 4로 정하였다.

『수리정온』이 완성된 것은 1723년이다. 뉴턴(Newton, 1642 ~1742)이 처음 이 방법을 고안한 것은 1685년이고, 그의 제자 래프슨(J. Raphson, 1648~1715)이 1690년에 그의 논문 Analysis Aequationum Universalis에서 $f(x)=0$에 대하여 뉴턴의 방법으로 알려진 식 $x_2=x_1-\frac{f(x_1)}{f'(x_1)}$을 발표하였다. 중국에서 이 방법을 사용한 것은 뉴턴의 방법과는 무관하게 도입된 것으로 보아야 한다. 위의 주 2)에서 설명한 대로 차상을 구하는 방정식을 구하고 2차 이상의 항들을 무시하고 1차방정식으로 바꾸어 차상을 추정한 것은 일찍부터 해오던 방법으로 이 방법을 택하였다고 보는 것이 타당하다.

[41] 상과 우를 곱하여 같은 부호이면 더하고 다른 부호이면 빼서 실에 도달할 수 없지만 이는 매우 간단하고 중요하며 자연스럽게 나타나는 것이므로 함께 취급하여야 한다.

不可與以商乘隅 同加異減 上達於實之 旣簡且要 出於自然者 同日而語也

(41-1) 진씨(진구소)가 말하기를 방정식을 풀 때 상을 실 위에 놓고 상과 우를 곱하여 실에 도달한다고 하였다.
같은 부호를 만나면 더하고 다른 부호를 만나면 서로 뺀다.
정에 정을 더하면 여전히 정이고, 부에 부를 더하면 부로 된다.
뺄 때에는 정에서 남으면 정이 되고 부에서 남으면 부로 된다.
1승부터 백제곱, 천제곱까지 다른 방법은 없다.
방 <즉 방렴은 또 제일렴이라고도 한다>과 실이 다른 부호인 경우에는 빼는데 방에서 남으면 환골이고 <즉 번적이다>, 방과 실이 같은 부호이면 서로 더하는데, 이는 투태이다 <즉 익적이다>.
그 자리수를 정하는 것은 옛날 제곱근을 구할 때 뛰는 자리 방법을 쓰면 된다.
상이 한 자리이면 그대로 뛰지 않고, 10자리에서 1차, 100이 넘으면 2차, 1000이 넘으면 3차, 10000이 넘으면 4차 뛴다.
2차인 경우에는, 방은 한 자리, 우는 두 자리 뛴다
<즉 한 자리씩 건너뛴다>.
3차인 경우에는, 방은 한 자리, 염 <즉 장렴, 또는 제2염이라고 하기도 한다>은 두 자리, 우는 세 자리 <즉 두 자리씩 건너뛴다>,
4차인 경우에는, 방은 한 자리, 상렴 <즉 제2염>은 두 자리, 하염 <즉 제3렴>은 세 자리, 우는 네 자리씩 나아가고
<즉 세 자리씩 건너뛴다>,
5차 이상인 경우에도 그 차상이 자리를 바꾸는 것을 유추할 수 있다.
새로운 염을 만들 때 배법, 삼배법 등 번거로운 것을 사용하지 말고, 상으로 곱하여 위의 것과 같은 부호이면 더하고 다른 부호이면 빼면 된다.
한번 곱할 때마다 한번씩 변하면 된다.

秦氏所述 開方式 置商於實上
以商乘隅 上達於實
遇同名 則相加 遇異名 則相減
加則正 仍爲正 負仍爲負
減則減餘在正爲正 在負爲負
自一乘以至百乘千乘 不假別術
方 <卽方廉亦稱第一廉>與實異名相消
而減餘在方 則爲換骨 <卽翻積>
方與實 同名相加 則爲投胎[1)]<卽益積>
其定位 用古開方超位之法
商單數不超 十超一次 百超二次 千超三次 萬超四次 其超也
一乘 <卽平方> 則方進一 隅進二 <卽超一位也>
再乘 <卽立方> 則方進一 廉 <卽長廉亦稱第二廉>
進二 隅進三 <卽超二位也>
三乘 則方進一 上廉 <卽第二廉> 進二 下廉 <卽第三廉>
進三 隅進四 <卽超三位也>
四乘以上 可類推其次商退位視乎[2)]
此其生廉不用倍法三倍法之煩[3)]
但以商上生[4)] 同加異減
多一乘 則多一變而已

1) 투태投胎, 즉 익적은 환골과 함께 진구소가 그의 『수서구장』에서 도입한 개념인데 투태는 제8권 고지추원古池推元에 들어 있다.

고지추원의 문제와 술은 다음과 같다.

問有方中圓古池 堧圮餘一角 從外方隅斜至內圓邊七尺六寸
欲就古跡修之 欲求圓方方斜各幾何
答曰 池圓徑三丈六尺六寸四百二十九分寸之四百一十二
方面三丈六尺六寸四百二十九分寸之四百一十二
方斜五丈一尺八寸四百二十九分寸之四百一十二

術曰 以少廣求之投胎術 入之斜自乘倍之爲實 倍斜爲益方 以半爲從隅 開投胎平方得徑 又爲方面以隅併之共爲方斜

술術 다음에 초草를 달아 놓았다. 즉, 방정식 $0.5x^2-152x-11552=0$을 증승개방법을 사용하여 풀고 있는데, 이 경우도 자리수를 구하는 방법을 사용하여 계수들이 변형되어 있다.

이를 현재 방법으로 정리하면 아래와 같다.

이 때, 초상 300을 정하여 차상 실을 구하는 과정에서 "-11552 +(-600)"이 나타나는데 이 경우를 "以商隅相生 得一萬五千爲正方 以消益方一萬五千二百 其益方餘二百 次與商相生得六百投入實得一萬二千一百五十二"로 나타내었다. 실의 절대값이 증가하는 경우로 이를 투태술이라는 단어를 사용하였는데, 앞에서 언급한대로 정과 부만 정확히 나타내면 별다른 의미는 없다.

0.5	−152	−11552	(300
	150	−600	
0.5	−2	−12152	
	150		
0.5	148		

0.5	148	−12152	(60
	30	10680	
0.5	178	−1472	
	30		
0.5	208		

0.5	208	−1472	(6
	3	1266	
0.5	211	−206	
	3		
0.5	214		

마지막 과정에서 $0.5z^2+214z-206=0$을 얻어 보간법에 의하여

$$z=\frac{206}{0.5+214}=\frac{412}{429}$$

를 근사치로 하여, 주어진 방정식의 해 $x=366\frac{412}{429}$를 구하였다.

위의 방정식 $0.5x^2-152x-11552=0$을 『산학정의』의 교종, 감종, 화종의 세 경우로 분류하기 위하여 2를 곱하여, $x^2-304x-23104=0$로 되어, 이 방정식은 감종이고 장활교長闊較는 304이다. 따라서 초상 300은 304보다 작으므로 **(18-1)**의 주 5), 6)에서 설명한 대로 투태, 즉 익적이 되는 것을 증승개방법을 사용하지 않고도 알 수 있다.

2) **[5]**의 주 2)의 주에서 들은 환전삼적環田三積의 예와 같이 자리수를 구하는 방법과 같은 초草를 진구소는 항상 들어 놓고, 첨전구적尖田求積의 정부개삼승방도正負開三乘方圖와 같이 산대 표시에서는 산대의 자리만 옮기고 계산은 현재 우리가 사용하고 있는 방법과 같다. 따라서 진구소는 초를 달 때는 『구장산술』에서 제곱근, 세제곱근을 구하는 방법대로 자리수를 구하는 것으로 하고 차상을 구할 때는 다시 산대를 아래로 옮기는 것까지 나타내고 있지만, 이는 실제로 도움이 되지 않는다는 사실을 알고 있었다고 보아야 한다. 물론 이 방법의 장점은 초상의 범위를 추정하는데는 도움이 된다. 저자는 자리를 건너뛰는 것을 자세히 설명하고 있다.

3) 저자는 **(40-1)** 주 4)에서 언급한 테일러 급수의 계수를 사용하여 차상을 위한 방정식을 구하는 방법을 "배법삼배법倍法三倍法[a)]"으로 나타내고 있다.

a) 이 방법은 『수리정온』 하편 제33권의 대종입방 절에 언급되고 있다. 이 절에서 3차방정식(=3차항의 계수는 1인 방정식)을 직육면체와 상관없이 임의의 계수를 가지는 3차방정식으로 대종입방을 정의하여 전통적인 대종입방과 구별한 후, 계수의 형태에 따라 아홉 가지 형태로 대별하였다. 이어서, 그 해법으로 **(40-1)**에서 사용하는 방법을 설명하는데 초상이 근이 아닌 경우에 차상을 구하는 방법을 다음과 같이 설명하고 있다. 이는 바로 초상이 x_1인 3차방정식 $p(x)=0$에서 차상을 $\dfrac{-p(x_1)}{p'(x_1)}$로 추정하는 것을 뜻한다.

$p(x)=x^3+ax^2+bx+c$에서, $p'(x_1)=3x_1^2+2ax_1+b$이므로 초상의 제

곱의 3배 (=입방렴), 초상의 2배와 a의 곱, b의 합 (=차상 염법)으로 차상실 (=『수리정온』에서는 차상적이라 한다)을 나누는 것으로 차상을 구하는 방법이다.

次商之法 以初商自乘數三***因***之 爲立方廉 以初商數***倍***之 與幾平方相乘
爲所帶平方之共廉 多號者與立方廉相加 少號者與立方廉相減
又加減所帶之根數 <多根者加 少根者減> 爲次商廉法 以廉法除次商積
得次商

『수리정온』보다 먼저 이 방법의 특수한 경우, 즉 $p(x)=x^n-a$의 경우로 **(6-10)**의 주 4)에서 언급한 매문정의 『소광습유』(1692)의 부개다승방구차상첩법附開多乘方求次商捷法에 들어있다.

4) “상생上生”보다는 진구소와 같이 “相生”으로 표현하여야 한다. 저자도 **(4-2)**에서 “而乘者生數也 兩數相生”으로 나타내었다.

익산 상편 -정부론-

2006년 5월 10일 초판 인쇄
2006년 5월 20일 초판 발행

저　자 / 이상혁 (李尙爀)
역　자 / 홍성사
발행자 / 오판근
발행처 / 교우사

주　소 / 서울 동대문구 제기2동 148-19
전　화 / 925-2861, 929-4865
팩　스 / 925-2860
E-mail / kw2861 @ chollian. net
http: // www. kyowoo. co. kr

등록 / 1994. 3. 24 제6-0256호

ISBN 89-8172-604-3 (94410)
89-8172-590-X (세트)

값 **20,000**원

이 저서는 2002년 한국학술진흥재단의 지원에 의하여 연구되었음.
(KRF-2002-071-CS2001)